W0397044

Lambacher Schweizer 5

Mathematik für Gymnasien

Rheinland-Pfalz

Lösungen

erarbeitet von
Manfred Baum
Martin Bellstedt
Heidi Buck
Rolf Dürr
Hans Freudigmann
Frieder Haug
Peter Zimmermann

Ernst Klett Schulbuchverlage
Stuttgart · Leipzig

1. Auflage 1 5 4 3 2 | 2010 09 08

Alle Drucke dieser Auflage sind unverändert und können im Unterricht nebeneinander verwendet werden. Die letzte Zahl bezeichnet das Jahr des Druckes.

Das Werk und seine Teile sind urheberrechtlich geschützt. Jede Nutzung in anderen als den gesetzlich zugelassenen Fällen bedarf der vorherigen schriftlichen Einwilligung des Verlags. Hinweis zu § 52 a UrhG: Weder das Werk noch seine Teile dürfen ohne eine solche Einwilligung eingescannt und in ein Netzwerk eingestellt werden. Dies gilt auch für Intranets von Schulen und sonstigen Bildungseinrichtungen. Fotomechanische oder andere Wiedergabeverfahren nur mit Genehmigung des Verlags.

© Ernst Klett Verlag GmbH, Stuttgart 2006.
Alle Rechte vorbehalten.
Internetadresse: www.klett.de

Autoren: Manfred Baum, Martin Bellstedt, Heidi Buck, Prof. Rolf Dürr, Hans Freudigmann, Dr. Frieder Haug, Dr. Peter Zimmermann

Illustrationen: Petra Götz, Augsburg
Bildkonzept Umschlag: Soldankommunikation, Stuttgart
Titelbild: KD Busch, Stuttgart; Simianer & Blühdorn GmbH, Stuttgart
Reproduktion: Meyle + Müller, Medien Management, Pforzheim

Entstanden in der Zusammenarbeit mit dem Projektteam des Verlags.

Satz: imprint, Zusmarshausen
Druck: Druckhaus Götz GmbH, Ludwigsburg

Printed in Germany
ISBN-10: 3-12-734653-0
ISBN-13: 978-3-12-734653-4

9 783127 346534

Inhaltsverzeichnis

I Natürliche Zahlen

1 Zählen und darstellen

Seite 11

1 a)

Alter	9 Jahre	10 Jahre	11 Jahre	12 Jahre
Anzahl	2	10	15	1

Maßstab z. B. 1 Kästchen (0,5 cm) für einen Schüler auf der Hochachse.

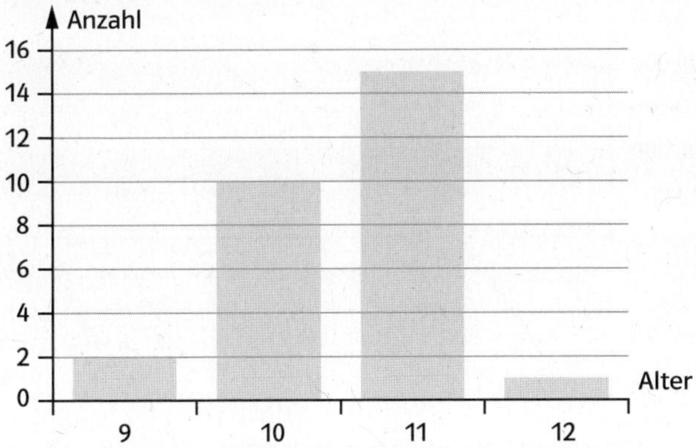

b) individuelle Lösung

2

Geschwister	Keine	Ein	Zwei	Drei	Mehr
Anzahl	11	8	5	3	1

Maßstab z. B. 1 Kästchen (0,5 cm) für einen Schüler auf der Hochachse.

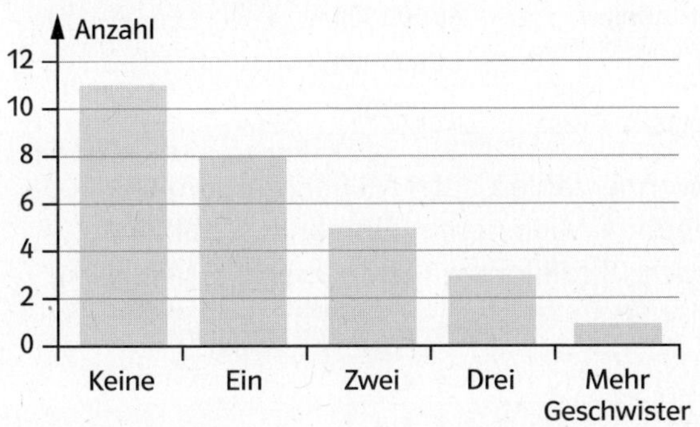

Seite 12

3 a) Die meisten Ferientage hat die Türkei (110 Tage). Die wenigsten Ferientage haben Deutschland und Spanien (75 Tage).

b)

Land	Anzahl der Ferientage
Deutschland	75
Frankreich	95
Italien	90
Türkei	110
Spanien	75
Großbritannien	80

c) Das kann man ohne weitere Informationen nicht sagen. Man müsste wissen, wie lange die Kinder an jedem Schultag in der Schule sind.

4 a)

Tier	Alter in Jahren
Kaninchen	5
Amsel	15
Kamel	40
Eule	50
Elefant	70
Adler	100
Karpfen	120
Riesenschildkröte	200

b) Maßstab z. B. 1 Kästchen (0,5 cm) für 2 Jahre.

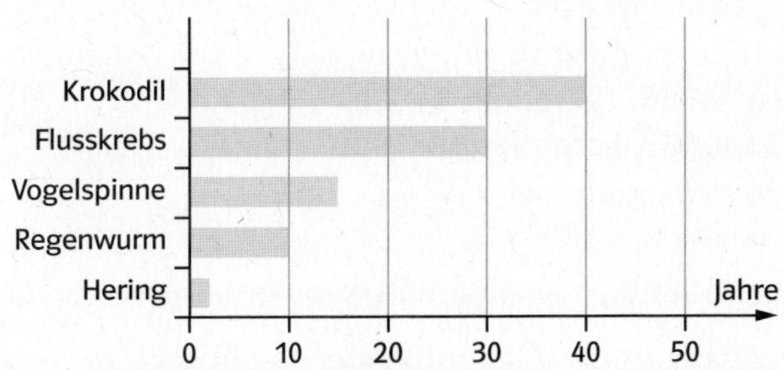

5 bis **7** individuelle Lösungen

Seite 13

8 individuelle Lösung

9 a) individuelle Lösung
Ein Ergebnis könnte so aussehen:

Zahl	1	2	3	4	5	6	7	8	9	10	11	12
Anzahl	17	18	19	21	22	24	8	7	6	4	3	1

b) Siehe Tabelle unter a).
c) individuelle Lösung
d) Man streicht zuerst die Zahlen weg, die in der Tabelle a) weniger oft vorkommen. Sind die Ergebnisse eines Wurfes z. B. 3 und 5, sollte man zuerst die 8 streichen. Falls die 8 schon gestrichen ist, sollte man die 3 streichen.

10 In deutschen Texten ist der häufigste Buchstabe im Allgemeinen das „e". Dies ist umso sicherer der Fall, je länger der Text ist. In dem vorliegenden

Geheimtext liegen folgende Buchstabenhäufigkeiten vor:

a	b	c	d	e	f	g	h	i	j	k	l	m
2	3	12	0	2	3	2	0	0	0	0	3	0

n	o	p	q	r	s	t	u	v	w	x	y	z
0	0	3	2	1	2	0	0	0	0	0	0	3

Der häufigste Buchstabe ist das „c“. Die Scheibe wird so gedreht, dass sich das „e“ auf dem äußeren Ring und das „c“ auf dem inneren Ring gegenüber stehen. Nun entschlüsselt man die Buchstaben vom inneren Ring zum äußeren Ring. Der Geheimtext lautet: BEI DER DREHSCHEIBE STEHEN E UND C GEGENUEBER.

2 Große Zahlen

Seite 15

1 a) 4700; 24 100; 104 500; 89 000; 287 100; 3 700 400; 10 000
b) 5900; 76 800; 19 500; 100 100; 7 000 000; 34 400; 222 200

2 a) 43 687; gerundet 44 000.
b) 3 640 983; gerundet 3 641 000.
c) 949 500; gerundet 950 000.

Seite 16

3 a) 3 455 090 b) 3 455 100 c) 3 455 000
d) 3 460 000 e) 3 500 000

4 a) 2 €; 9 €; 12 €; 101 €; 99 €.
b) 30 €; 90 €; 140 €; 400 €; 2010 €.
c) 400 €; 600 €; 2900 €; 44 000 €; 10 000 €.

5 a) 222 > 102 b) 3000 > 103
c) 4901 > 4109 d) 14 000 > 10 000

6 a) 100 000 000 b) 9 999 999
c) 9 876 543 210 d) 1 023 456 789

7 a) 456 788; 456 790 b) 99 998; 100 000
5 000 998; 5 001 000 8 098 999; 809 901
c) 749 999; 750 001 d) 6 999 999; 7 000 001
100 099; 100 101 909 908; 909 910

8 a) 999 999; 1 000 001 b) 899; 901
99 999; 100 001 99 999; 100 001
c) 9999; 10 001 d) 98; 100
2 999 999; 3 000 001 999 999 999;
2 000 000 001

9 Einwohnerzahlen, z. B. auf 100 000 gerundet:

Berlin	Hamburg	München	Köln
3 600 000	1 700 000	1 200 000	1 000 000

Frankfurt	Essen	Dortmund	Stuttgart
700 000	600 000	600 000	600 000

Maßstab z. B.: 100 000 Einwohner entsprechen 0,5 cm auf der Hochachse.

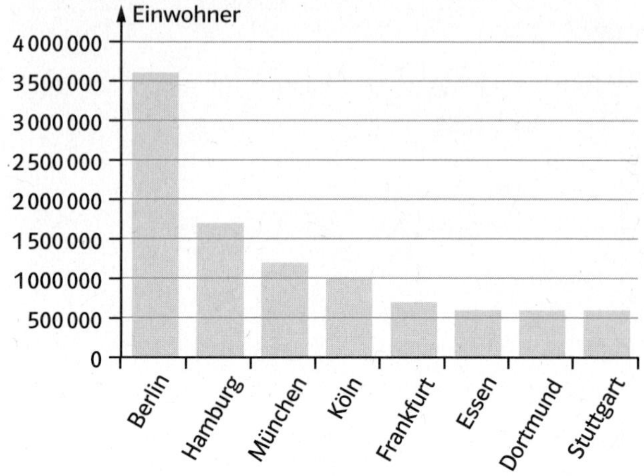

10 a)

Land	Bevölkerung
Dänemark	5 000 000
Portugal	10 000 000
Belgien	10 000 000
Griechenland	10 000 000
Niederlande	15 000 000
Spanien	40 000 000
Frankreich	55 000 000
Großbritannien	60 000 000
Italien	60 000 000
Deutschland	80 000 000

b) Einwohnerzahlen auf 1 Million gerundet.
Norwegen: 4 Millionen; Finnland: 5 Millionen;
Schweden: 8 Millionen; Dänemark: 5 Millionen;

Land	Bevölkerung; 🯅 = 1 Million
Norwegen	🯅 🯅 🯅 🯅
Finnland	🯅 🯅 🯅 🯅 🯅
Schweden	🯅 🯅 🯅 🯅 🯅 🯅 🯅 🯅
Dänemark	🯅 🯅 🯅 🯅 🯅

11 a) Um eine der Zahlen 335; 336; …; 344.
b) Zehn Zahlen: 625; 626; …; 634.
c) Hundert Zahlen: 550; 551; 552; …; 649.

Seite 17

12 Darstellung z. B. im Säulendiagramm; Maßstab: 1 Million entspricht 0,5 cm auf der Hochachse.

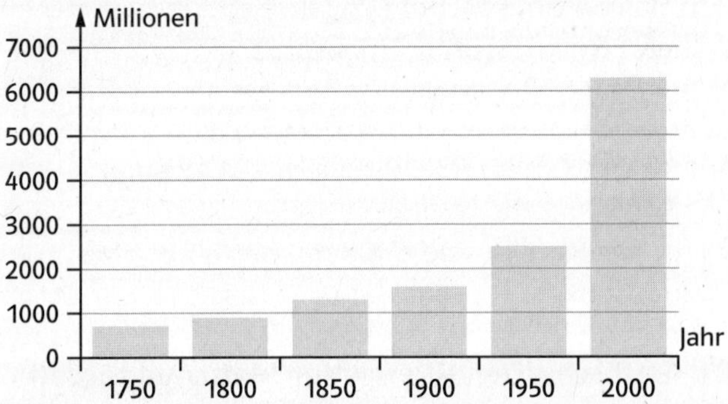

13 Darstellung z. B. im Balkendiagramm; Maßstab: 1 Millionen entsprechen 1 cm; Werte dazugeschrieben.

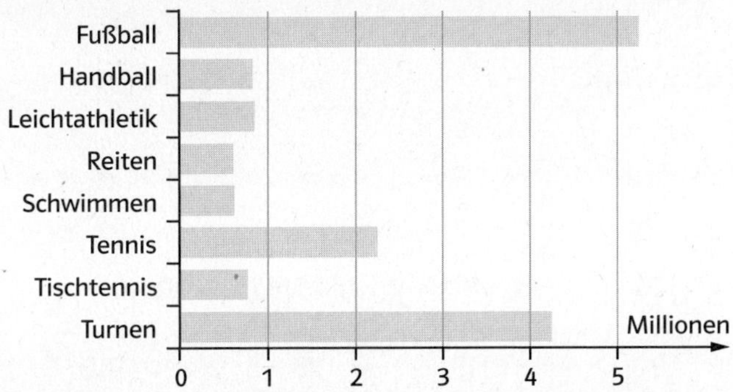

14 Das ist nur möglich, wenn Herr Kranz alle Geldbeträge auf 100 € rundet. Dann könnte es so gewesen sein:
Die Hose hat 50 € gekostet (gerundet 100 €).
Die Jacke hat 150 € gekostet (gerundet 200 €).

15 Die genaue Zahl der Erbsen im vollen Gefäß beträgt mindestens 4350 und höchstens 4449. Im halb vollen Gefäß sind also mindestens 2175 und höchstens 2224 (oder 2225) Erbsen.

16 Die kleinste Zahl ist 28.

17 Kontrollaufgabe nach dem Lesen oder Vorspielen: Finde eine andere Zahl, bei der das Ergebnis beim „nacheinander" Runden auf Zehner und Hunderter nicht mit dem richtigen Ergebnis beim Runden auf Hunderter übereinstimmt.

18 individuelle Lösung

3 Rechnen mit natürlichen Zahlen

Seite 19

1

a)	b)	c)	d)
40	27	88	4
43	38	63	4
138	39	120	4
265	180	210	30
1011	660	156	24

2

a)	b)	c)	d)
750	200	480	4
50	6000	126	166
38	145	6	290
98	24	234	95

3
a) b) c)

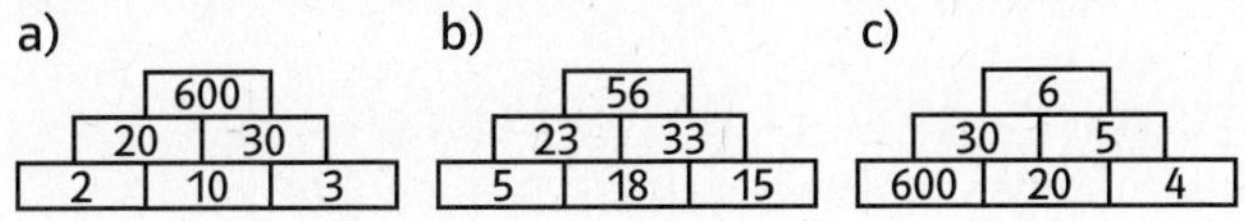

4 a) 4 · 20 = 80; 49 + 29 = 78
b) 34 + 33 = 67; 9 · 12 = 108
c) 112 : 14 = 8 oder 112 : 8 = 14; 89 + 88 = 177
d) 84 − 17 = 67 oder 84 − 67 = 17;
96 : 6 = 16 oder 96 : 16 = 6

5 Die fehlende Zahl heißt:

a)	b)	c)	d)
22	8	90	24
56	103	1800	106

6
a)

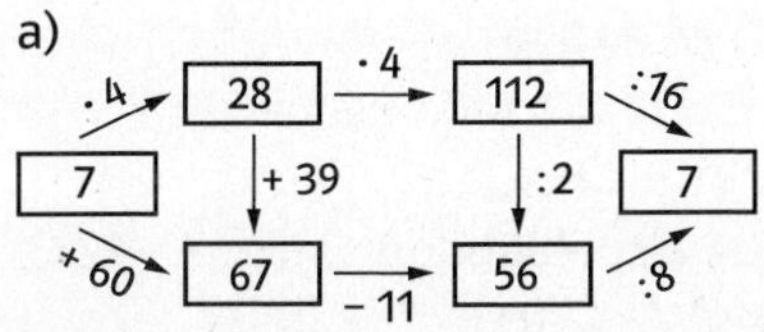

b)

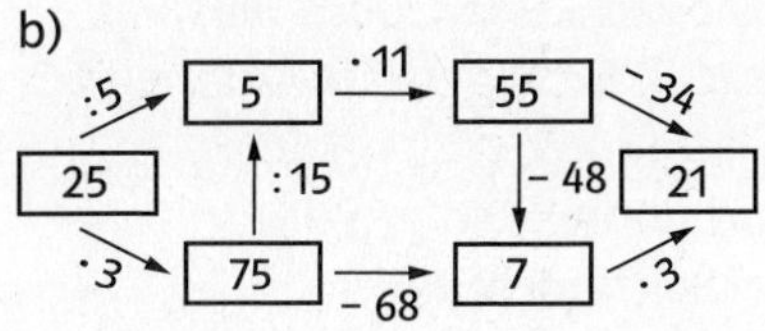

Seite 20

7 Die gesuchten fünf Zahlen sind fett gedruckt.
a) 7, 16, 25, 34, **43, 52, 61, 70, 79.** Zur Zahl wird jeweils 9 addiert.
b) 2, 4, 8, 16, **32, 64, 128, 256, 512.** Die vorangehende Zahl wird jeweils verdoppelt.
c) 3, 4, 6, 9, 13, **18, 24, 31, 39, 48.** Es werden nacheinander die Zahlen 1, 2, 3, 4, 5, 6, usw. addiert.
d) 2, 4, 3, 6, 5, 10, **9, 18, 17, 34, 33.** Es wird abwechselnd die Zahl verdoppelt oder 1 von der Zahl subtrahiert.

8 a) Von 47 bis 50 fehlen 3, von 50 bis 100 fehlen 50, von 100 bis 111 fehlen 11, zusammen 64.
Es fehlt 64.
b) $7 \cdot 12 = 84$ c) $14 \cdot 14 = 196$
d) $87 - 39 = 48$ e) $91 : 7 = 13$

9 Das Lösungswort lautet FINNLAND.

10 a) 64 b) 58
c) Mit 111, da $9 \cdot 111 = 999$
d) sechsmal

11 a) 3 b) 17

12 Es können 2 Vierergruppen vorkommen (zusammen mit 7 Dreiergruppen).
Es können 5 Vierergruppen vorkommen (zusammen mit 3 Dreiergruppen).

13 Wurst und Brot kosten zusammen 10,30 €. Sie kann beides einkaufen und hat noch 70 ct übrig.

14 a) Von 1955 bis 1975: Abnahme um 235. Von 1975 bis 1990: Zunahme um 90. Von 1990 bis heute: Zunahme um 240. Es gibt heute 315 Störche, also im Vergleich zu 1955 65 Störche mehr.
b) Individuelle Lösung

Seite 21

15 Es sind 44 Tierbeine.

16 Man spart 6 €.

17 Kinder zahlen 12 €, Erwachsene zahlen 24 €.
Anleitung: Man rechnet die beiden Erwachsenen wie 4 Kinder; es fahren also 7 Kinder; 84 € : 7 = 12 €.

18 Es gibt mehrere Möglichkeiten. Zum Beispiel 5a, 5b, 6a, zusammen 93; 5c, 6c, 6b, zusammen 93.

19 a) Die Summe wird doppelt so groß.
b) Die Differenz ändert sich nicht.
c) Das Produkt wird sechsmal so groß.

20 a) Maria Sibilla Merian
Balthasar Neumann
Carl Friedrich Gauß
Jakob Grimm und Bettina von Arnim
Wilhelm Grimm
Anette von Droste-Hülshoff
Clara Schumann
Paul Ehrlich

b) Jakob Grimm und Carl Friedrich Gauß wurden 78 Jahre alt.
Clara Schumann wurde 77 Jahre alt.
Bettina von Arnim wurde 74 Jahre alt.
Wilhelm Grimm wurde 73 Jahre alt.
Maria Sibilla Merian wurde 70 Jahre alt.
Balthasar Neumann wurde 66 Jahre alt.
Anette von Droste-Hülshoff wurde 51 Jahre alt.

21 In der Familie sind 5 Kinder, da es nur eine Tochter gibt.

22 Am Tisch sitzen Großmutter, Mutter und Tochter.

23 Es entsteht immer die Zahlenfolge
4 – 2 – 1 – 4 – 2 – 1 – 4 – 2 – 1 usw.
(Für diese Tatsache gibt es bis heute keinen Beweis.)

4 Terme

Seite 23

1

a)	b)	c)	d)
120	78	1116	48
35	64	52	60
70	115	25	1400

2 a)

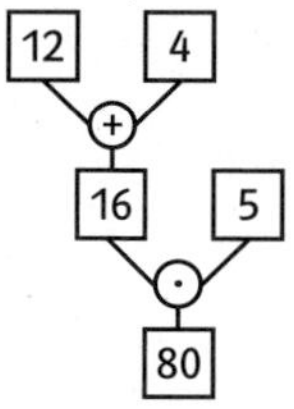

$(12 + 4) \cdot 5 = 80$

b)

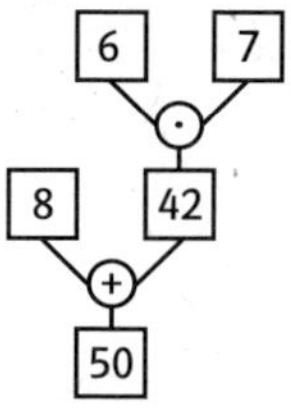

$6 \cdot 7 + 8 = 50$

c)

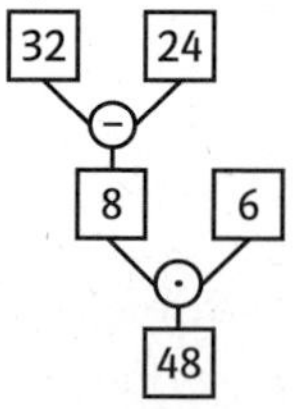

$(32 - 24) \cdot 6 = 48$

d)

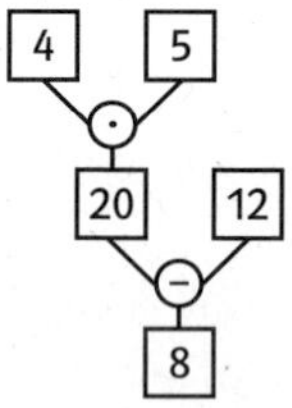

$4 \cdot 5 - 12 = 8$

3 a)

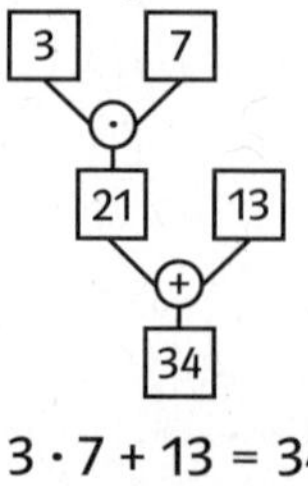

$3 \cdot 7 + 13 = 34$

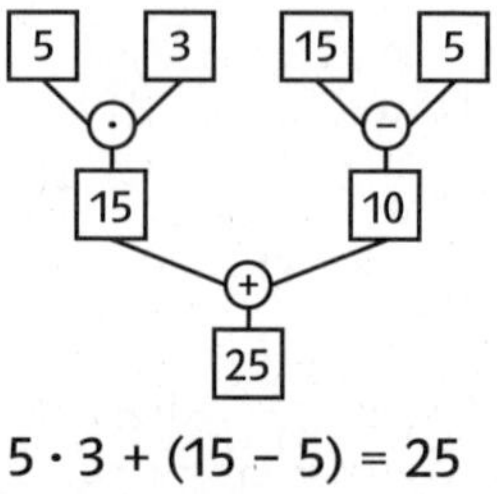

$5 \cdot 3 + (15 - 5) = 25$

b)

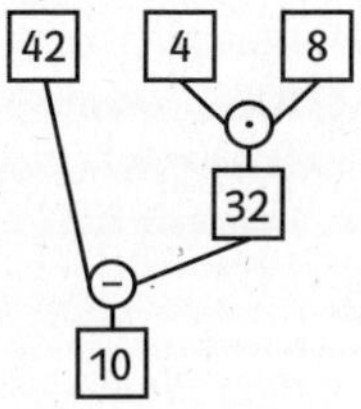

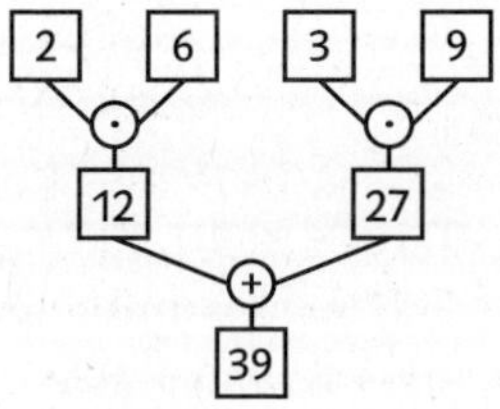

42 – (4 · 8) = 10 2 · 6 + 3 · 9 = 39

c)

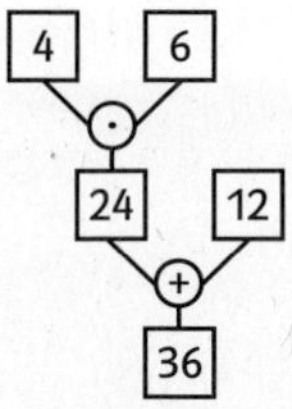

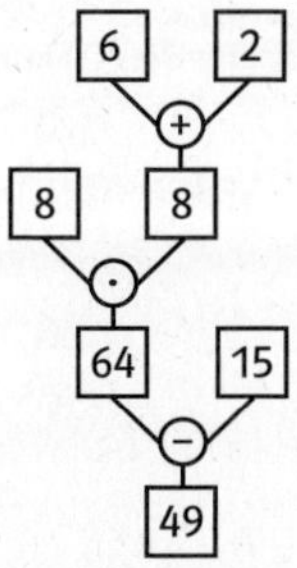

4 · 6 + 12 = 36 8 · (6 + 2) – 15 = 49

d)

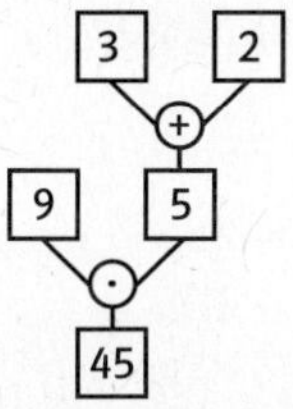

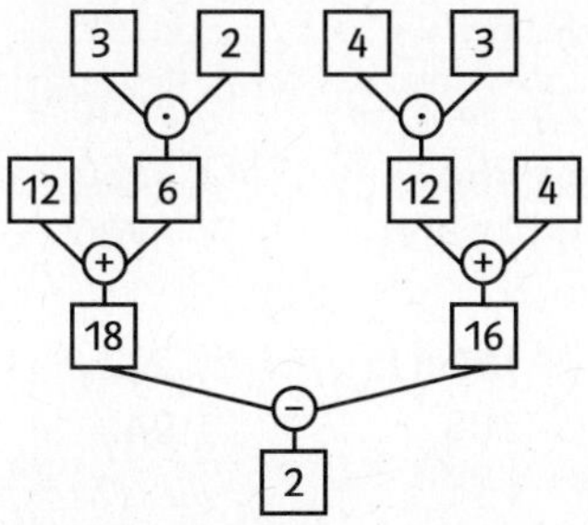

9 · (3 + 2) = 45 (12 + 3 · 2) – (4 · 3 + 4) = 2

4 a) 47988 b) 42350
c) 366510 d) 613452
e) 2520 f) 5875

Seite 24

5 a) 536 b) 943
c) 384 d) 372
e) 755 f) 179
QUEBEC
g) 231 h) 12
i) 1225 j) 7
k) 474 l) 179
KANADA

6 a) 493 b) 2676
c) 3192 d) 11
e) 2445 f) 13700

7 a) 4 · (5 + 9) · 3 b) (2 · 3 + 11) · 5
c) 5 · (26 – 3 · 6) d) (8 + 2) · (14 – 7)

8 a) 75; 80; 57; 18; 90 FASAN
b) 201; 308; 303; 105; 608 STIFT

9 5 + 3 · 5 + 12 = 32; (5 + 3) · 5 + 12 = 52;
5 + 3 · (5 + 12) = 56
17 · 2 + 2 – 1 = 35; 17 · (2 + 2) – 1 = 67;
17 · (2 + 2 – 1) = 51
2 · 25 – 3 · 5 = 35; 2 · (25 – 3 · 5) = 20;
(2 · 25 – 3) · 5 = 235; 2 · (25 – 3) · 5 = 220
5 · 12 – 2 · 3 + 15 = 69; 5 · (12 – 2 · 3 + 15) = 105;
(5 · 12 – 2) · 3 + 15 = 189; 5 · (12 – 2) · 3 + 15 = 165
5 · (12 – 2 · 3) + 15 = 45
2 · 3 + 4 · 6 = 30; 2 · (3 + 4 · 6) = 54;
(2 · 3 + 4) · 6 = 60; 2 · (3 + 4) · 6 = 84
80 – 2 · 5 + 3 · 5 = 85; (80 – 2 · 5 + 3) · 5 = 365;
(80 – 2) · 5 + 3 · 5 = 405; 80 – 2(5 + 3) · 5 = 0;
80 – 2 · (5 + 3 · 5) = 40

10 a) 2 b) 18
c) 2 d) 5
e) 5 f) 13

11 a) 45 · 24 + 5 · (43 + 39) = 1490
b) (49 · 28) · 5 · (38 – 21) = 116620
c) [(25 · 41) + 34] · 13 = 13767
d) (25 · 34) · 3 · (28 – 17) = 28050

12 a) Addiere zum Produkt von 12 und 25 das Produkt von 3 und 4. Ergebnis: 312
b) Addiere zu 23 das 24-fache der Differenz von 5 und 3. Ergebnis: 71
c) Multipliziere die Differenz von 27 und 12 mit der Summe von 8 und 17. Ergebnis: 375
d) Subtrahiere vom Produkt von 4 und 12 das Produkt von 3 und 8. Ergebnis: 24
e) Multipliziere die Summe von dem Produkt von 12 und 6 und 34 mit 15. Ergebnis: 1590
f) Multipliziere 511 mit der Differenz aus dem Produkt von 11 und 307 und 235. Ergebnis: 1 605 562

13 7€

14 18 · 45 – 722 = 88. Man spart bei Barzahlung 88 €.

Seite 25

15 individuelle Gestaltung

16

a) 1 = 5 − 4 | 2 = 4 − 2
3 = 5 − 4 + 2 | 4 = 2 + 2
5 = 2 · 4 + 2 − 5 | 6 = 4 + 2
7 = 2 + 5 | 8 = 2 · 4
9 = 5 + 4 | 10 = 5 + 5
11 = 2 + 4 + 5 | 12 = (5 − 2) · 4
13 = 2 · 4 + 5 | 14 = 5 + 5 + 4
15 = 4 · 5 − 5 | 16 = 2 · 5 + 4 + 2
17 = 4 · 5 − 5 + 2 | 18 = 4 · 5 − 2
19 = (5 − 2) · 5 + 4 | 20 = 4 · 5
21 = 5 · 5 − 4 | 22 = 4 · 5 + 2
23 = 5 · 5 − 2 | 24 = 4 · 5 + 2 + 2
25 = 5 · 5 | 26 = (5 + 2) · 4 − 2
27 = 5 · 5 + 2 | 28 = (5 + 2) · 4
29 = 5 · 5 + 4 | 30 = 5 · (4 + 2)
31 = 5 · (5 + 2) − 4 | 32 = 5 · (4 + 2) + 2
33 = 5 · (5 + 2) − 2

b) 34 = — | 35 = 5 · (5 + 2)
36 = 4 · (5 + 2 + 2) | 37 = 5 · (5 + 2) + 2
38 = — | 39 = 5 · (5 + 2) + 4
40 = 5 · (4 + 2 + 2)

17

(2 + □ 5) · 3 = 2 1
·   +   +
1 + □ 5 · 2 = 1 1

2 + 2 5 + 5 = 3 2

18 a) Höhe 4

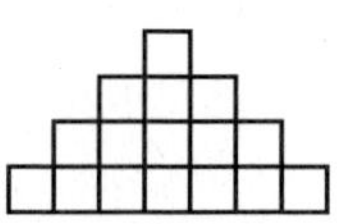

Höhe 5

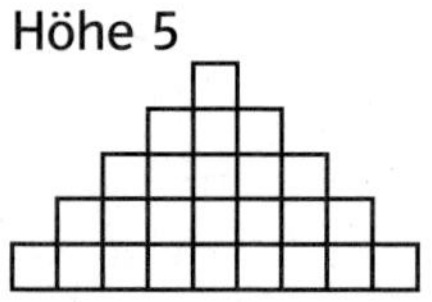

Höhe der Treppe	1	2	3	4
Würfel in der untersten Reihe	1	3	5	7
Gesamtzahl der Würfel	1	4	9	16

Höhe der Treppe	5	6	7	8
Würfel in der untersten Reihe	9	11	13	15
Gesamtzahl der Würfel	25	36	49	64

b) Unterste Reihe: 23 Würfel.
Insgesamt: 144 Würfel.
c) Anzahl der Würfel in der unteren Reihe: Multipliziere die Höhe mit 2 und subtrahiere 1.
Gesamtzahl der Würfel: Multipliziere die Höhe mit sich selbst.

Seite 26

19 a) 19   b) 69   c) 177
d) 20   e) 40   f) 1100

20 a) 97 + 91 + 3 = 100 + 91 = 191
b) 84 + 567 + 16 = 100 + 567 = 667
c) 4 + 109 + 6 = 10 + 109 = 119
d) 67 + 45 + 23 = 90 + 45 = 135
e) 62 + 18 + 8 = 70 + 18 = 88
f) 101 + 77 + 909 = 1010 + 77 = 1087
g) 21 + 807 + 19 = 40 + 807 = 847
h) 666 + 444 + 334 = 1000 + 444 = 1444

21 a) 21   b) 26   c) 30
d) 200   e) 50   f) 110

22 a) 280   b) 3400   c) 360   d) 18 000
e) 4000   f) 21 000   g) 3600   h) 2900
i) 39 000   j) 17 000

23 a) 3700   b) 5640   c) 1700   d) 350
e) 660   f) 1280   g) 28 100   h) 19 000
i) 23 900   j) 8700

24 a) 115   b) 272   c) 369   d) 156
e) 308   f) 240   g) 400   h) 315

25 a) 9^5; 12^3; 7^9
b) 5 · 5 · 5 · 5 · 5 · 5; 6 · 6 · 6; 3 · 3 · 3 · 3 · 3 · 3; 14 · 14 · 14 · 14 · 14; 20 · 20 · 20; 36 · 36

26 a) 2 + 3 = 5; 3 + 2 = 5; 2 · 3 = 6; 3 · 2 = 6; $2^3 = 8$; $3^2 = 9$
b) 25 + 25 = 50; 25 · 25 = 625; 25 · 2 = 50; $25^2 = 625$; 25 : 25 = 1
$25 \cdot 25 = 25^2$; 25 + 25 = 25 · 2 = 50

27 a) 10 − 4 = 6; 4 − 10 $\neq$ 6
b) 12 : 4 = 3; 4 : 12 $\neq$ 3

5 Größen messen und schätzen

Seite 28

1 individuelle Lösung

Seite 29

2 Auto: Gewicht 1 t; Länge 4 m.
Bett: Länge 2 m; Schlafdauer 8 h.
Farbstift: Länge 14 cm; Gewicht 5 g.
Turnschuh: Gewicht 200 g; Länge 3 dm.
Sprinter: Länge 100 m; Zeitdauer 10 s.
Stecknadel: Gewicht 1 g; Länge 3 cm.

3 individuelle Lösung

4 individuelle Lösung

5 individuelle Lösung

6 Bei einem geschätzten Gewicht von 30 kg sind es neun Fünftklässler.
Bei einem geschätzten Gewicht von 35 kg sind es acht Fünftklässler.
Bei einem geschätzten Gewicht von 40 kg sind es sieben Fünftklässler.
Bei einem geschätzten Gewicht von 45 kg sind es sechs Fünftklässler.
Bei einem geschätzten Gewicht von 50 kg sind es fünf Fünftklässler.

7 a) individuelle Lösung. (Wenn möglich Messwert besorgen.)
b) Individuelle Lösung. Die Schätzung wird verbessert, wenn man z. B. einen Schultag in Phasen einteilt: Vom Aufstehen bis zum aus dem Haus gehen: 5-mal
Bis Schulschluss: 6-mal
Zu Hause bis zum Abendessen: 8-mal
Vom Abendessen bis zum Zubettgehen: 8-mal.
Zusammen 27-mal. (Die Schätzungen hängen sehr von den Umständen ab.)
c) Individuelle Lösung. (Genaue Zahl von der Schulleitung besorgen.)
d) Individuelle Lösung. (Messen des Gewichtes z. B. so: Der Arm wird in eine wassergefüllte Wanne gesenkt und das Gewicht des überlaufenden Wassers wird gemessen.)

8 a) Individuelle Lösung. (Der Umfang einer Saftflasche beträgt zwischen 25 cm und 29 cm.)
b) 100 Blatt Papier wiegen eindeutig mehr (etwa 400 g).
c) individuelle Lösung

9 individuelle Lösung

10 individuelle Lösung

6 Mit Größen rechnen

Seite 31

1 a) 180 cm = 1,8 m (kann richtig sein)
b) 7,5 min (kann richtig sein)
c) 1570 m = 1,57 km (ist sicher falsch)
d) 10 kg (kann richtig sein)
e) 500 € (ist sicher falsch)
f) individuelle Lösung

Seite 32

2 Gewicht:
1800 kg → Gewicht eines Motorboots
1,5 t → Gewicht eines Autos
0,5 t → Gewicht eines 3-monatigen Elefanten
3400 g → Gewicht eines Schulranzens
1,2 kg → Gewicht einer vollen 1-l-Glasflasche
488 mg → Gewicht eines Blütenblatts
11 mg → Gewicht einer Feder

Zeit:
37 h → Dauer eines Wochenendausflugs
1 d → Dauer einer Erdumdrehung
3 h → Dauer einer geführten Wanderung
2 h → Dauer eines Kinofilms
70 min → Dauer eines Fluges von Düsseldorf nach Paris
540 s → Dauer einer Fernseh-Reportage
4 min → Dauer eines Musiktitels
40 s → Dauer des Hochfahrens eines Computers
20 s → Dauer eines Werbespots

Länge:
0,7 km → Länge einer Wildwasserbahnfahrt
805 cm → Länge eines großen Hais
70 dm → Länge eines großen Wohnmobils
40 dm → Breite einer ausgeklappten Schultafel
30 dm → Länge einer Autobahnausfahrt-Spur
2,8 m → Höhe einer Etage
100 cm → Breite eines Schultafel-Elements
234 mm → Breite einer Armbanduhr

3 8 · (4 m 50 cm) = 36 m

4 a) 11.02 → 11.30 = 28 min
b) 16.06 → 19.11 = 3h 5 min
c) RE: 11.36 → 14.18 = 2 h 42 min
ICE: 11.29 → 13.09 = 1 h 40 min
d) individuelle Lösung

5 Fußball

6 Erkennt man auf dem Foto sieben Polizisten, so ist das Motorrad um 5 · 75 kg = 375 kg überladen. Erkennt man auf dem Foto acht Polizisten, so ist das Motorrad um 6 · 75 kg = 450 kg überladen.

7 Der Komet erscheint alle 76 Jahre, die nächsten Male in den Jahren 2062 und 2138.

Seite 33

8

	m	cm	t	kg
Walhai	15	20	10	500
Manta	4	40	1	600
Wels	2	50	0	300
Karpfen	0	40	0	3

9

a) 12 dm
1200 g
205 mm
15 050 m

b) 4500 g
78 dm
34 700 m
2004 kg

c) 3700 g
2374 ct
3500 kg
2090 m

d) 4700 m
12 200 g
46 cm
20 050 kg

e) 21 mm
8900 g
5200 m
1001 cm

10

a) 3,680 kg
11,400 km
23,0 cm
7,060 t

b) 3,700 km
1,250 kg
45 dm (4,50 m)
1,405 t

c) 3,4 dm
6,600 t
34,100 km
10,010 km

d) 4,500 t
56 dm (5,60 m)
2,050 km
10,100 km

e) 13,4 dm (1,34 m)
2,4 cm
3,560 kg
2,091 t

11

a) 1 Gallon (US) = 3,8 Liter; 1 Gallon (GB) = 4,5 Liter
b) 1 Yard = 91 cm
c) 1 Zoll = 26 mm
d) 1 foot = 305 mm

12 Es fehlen Jana noch 77,3 kg.

13

Unterschied beim Weitsprung	Unterschied beim Kugelstoßen	Unterschied beim Speerwurf	Unterschied beim 1500-m-Lauf
84 cm	7,79 m	28,32 m	57 s

7 Primzahlen und Teilbarkeit

Seite 35

1 a) Ja, 84 = 6 · 14
b) Nein
c) Nein
d) Nein

2 a) 1, 2, 3, 6, 9, 18.
b) 1, 2, 4, 5, 8, 10, 20, 40.
c) 1, 2, 3, 4, 6, 8, 9, 12, 18, 24, 36, 72.
d) 1, 7, 11.
e) 1, 3, 9, 27, 81.

3 a) 8, 32, 64, 80, 400, 800, 1000.
b) 1, 2, 3, 5, 6, 7, 10, 70, 210.

4 a) 2 · 2 · 3
b) 2 · 2 · 5
c) 2 · 17
d) 2 · 2 · 2 · 2 · 5
e) 2 · 2 · 5 · 5
f) 2 · 2 · 2 · 2 · 3 · 3

5

	Tafel 4×4	Tafel 2×6	Tafel 4×5	Tafel 5×5	Tafel 3×4
Tafel geeignet für	2, 4, 8, 16 Personen	2, 3, 4, 6, 12 Personen	2, 4, 5, 10, 20 Personen	5, 25 Personen	2, 3, 4, 6, 12 Personen

Die Firma soll die Tafelgröße 2 × 6 oder 4 × 5 oder 3 × 4 herstellen.

6 Eine Zahl ist durch 2 teilbar, wenn die Einerziffer der Zahl eine 2, eine 4, eine 6, eine 8 oder eine 0 ist.
Eine Zahl ist durch 5 teilbar, wenn die Einerziffer der Zahl eine 5 oder eine 0 ist.
Eine Zahl ist durch 10 teilbar, wenn die Einerziffer der Zahl eine 0 ist.

7 a) Falsch b) Richtig c) Richtig

8 1-mal 2 €; 2-mal 1 €; 4-mal 50 ct; 10-mal 20 ct; 20-mal 10 ct; 40-mal 5 ct; 100-mal 2 ct; 200-mal 1 ct.

9 Die Stufenhöhe in cm muss ein Teiler von 240 sein. Folgende Stufenhöhen kommen infrage: 20 cm und 24 cm.

10 individuelle Lösung, z. B.

Angeber	Verwandte	Fremde	Familie
39, 51, 57, 87, …	2 und 4, 5 und 20, …	2 und 3, 25 und 9, …	3, 9, 27, …

11 a) Stimmt. Von zwei aufeinander folgenden Zahlen ist die eine gerade und die andere ungerade.
b) Stimmt. Bei drei aufeinander folgenden Zahlen hat eine beim Teilen durch 3 den Rest 0, eine den Rest 1 und eine den Rest 2.
c) Stimmt. Die Primzahlen können
- nicht in der zweiten Spalte stehen: Diese Zahlen sind durch 2 teilbar.
- nicht in der dritten Spalte stehen: Diese Zahlen sind durch 3 teilbar.
- nicht in der vierten Spalte stehen: Diese Zahlen sind durch 2 teilbar.
- nicht in der sechsten Spalte stehen: Diese Zahlen sind durch 2 teilbar (und durch 3 teilbar).

d) Falsch. In der sechsten Zeile steht dort die Zahl 35.

Seite 36

12 a) 12; 26; 76; 94; 118; 238; 7236; 299 378; 505 634
b) 28; 52; 68; 96; 132; 372; 524; 6356; 9984; 13 072; 700 176; 1092
c) 95; 140; 225; 560; 7560; 9000; 10 300; 90 005
d) 3832; 5400; 5464; 9992; 13 096; 14 248; 35 016

13 a) durch 3 teilbar: 762; 435; 8808
durch 9 teilbar: –
b) durch 3 teilbar: 11 760; 12 597; 17 760; 151 515
durch 9 teilbar: 151 515

14

a) 2	b) 5	c) 2; 4; 5; 8
d) 2	e) 2; 4	f) 2; 4; 5; 8
g) 2; 4; 8	h) 2; 4; 5; 8	i) 5
j) 2; 4; 5	k) 2; 4; 5; 8	l) 2; 5

15 a) 3741; 540; 2475; 67 446; 28 359; 30 072; 111 111; 9 191 919
b) durch 9 teilbar sind: 540; 2475; 67 446; 28 359

16 durch 4 teilbar: 2372 und 2376; 3464 und 3468; 8696 und 8700; 12 328 und 12 332; 23 540 und 23 544
durch 8 teilbar: 2368 und 2376; 3464 und 3472; 8696 und 8704; 12 328 und 12 336; 23 536 und 23 544

17 Vielfaches von 3: b) c) d) e) f) h)
Vielfaches von 9: b) e) f) h)

18 individuelle Lösung
a) z.B. 15 300; 45 630; 91 260
b) z.B. 16 320; 32 640; 12 597

19 individuelle Lösung

8 Römische Zahlzeichen

Seite 38

1

a)	b)	c)
5	12	7
200	1100	900
152	91	1900
1096	2700	2040

d)	e)
15	120
90	510
2900	910
3600	3710

2

a)	b)	c)
VIII	XVI	XIII
XVII	XXII	XL
LXXIX	CLX	CXC
DCCLXXXVIII	MCDL	MDC

d)	e)
IX	XIV
XXIV	XXV
CXCVII	CLXXXIX
MCCCLXXIX	MDCLXXVII

3 a) MMMCMXLVI; CXLI; CCCLX;
b) individuelle Lösung

4 individuelle Lösung

5 Kolumbus entdeckt Amerika: MXDII = 1492.
Der erste Mensch landet auf dem Mond: MCMLXIX = 1969.
Karl der Große wird zum Kaiser gekrönt: DCCC = 800.
Der Eiffelturm wird gebaut: MDCCCLXXXIX = 1889.

6 Gründung der Universität: 1477. Fertigstellung des Neubaus: 1932 (Viermal C hintereinander ist unüblich.)

7 V + I = VI   X – I = IX   VII + I = VIII

8 Cäsar führte vom Jahre 58 v. Chr. bis zum Jahre 51 v. Chr. in Gallien Krieg. Das Datum 58 v. Chr. der Schlacht gegen Ariovist ist belegt. Claudius, der behauptet, bei der Schlacht dabei gewesen zu sein, konnte aber die Kalenderzählung „vor Christus“ nicht benutzen. Die historische Gestalt Jesus konnte ihm zu Lebzeiten nicht bekannt sein.

9 Das Zweiersystem

Seite 39

Connys Finger haben folgende Bedeutung:
Kleiner Finger: 1   Ringfinger: 2
Mittelfinger: 4   Zeigefinger: 8
Kleiner Finger und Ringfinger: 1 + 2 = 3.

Seite 40

1

a)	b)	c)	d)	e)
2	6	3	7	2
5	14	1	11	15
13	9	8	24	23
31	17	21	16	51

2
a) $(110)_2$ b) $(100)_2$ c) $(1000)_2$
$(1001)_2$ $(1010)_2$ $(1011)_2$
$(1110)_2$ $(1100)_2$ $(10\,100)_2$
$(100\,000)_2$ $(101\,000)_2$ $(100\,001)_2$
d) $(101)_2$ e) $(11)_2$
$(10\,000)_2$ $(111)_2$
$(11\,110)_2$ $(10\,001)_2$
$(100\,010)_2$ $(110\,010)_2$

3 $(1)_2$; $(10)_2$; $(11)_2$; $(100)_2$; $(101)_2$; $(110)_2$; $(111)_2$; $(1000)_2$; $(1001)_2$; $(1010)_2$; $(1011)_2$; $(1100)_2$; $(1101)_2$; $(1110)_2$; $(1111)_2$; $(10\,000)_2$; $(10\,001)_2$; $(10\,010)_2$; $(10\,011)_2$; $(10\,100)_2$; $(10\,101)_2$; $(10\,110)_2$; $(10\,111)_2$; $(11\,000)_2$; $(11\,001)_2$; $(11\,010)_2$; $(11\,011)_2$; $(11\,100)_2$; $(11\,101)_2$; $(11\,110)_2$; $(11\,111)_2$; $(100\,000)_2$; …

4 a) $(11)_2 = 3$. Vorgänger: $(10)_2$; Nachfolger: $(100)_2$.
b) $(111)_2 = 7$. Vorgänger. $(110)_2$; Nachfolger: $(1000)_2$.
c) $(10)_2 = 2$. Vorgänger: $(1)_2$; Nachfolger: $(11)_2$.
d) $(100)_2 = 4$. Vorgänger: $(11)_2$; Nachfolger: $(101)_2$.
e) $(1010)_2 = 10$. Vorgänger: $(1001)_2$; Nachfolger: $(1011)_2$.

5 Robert ist am 29.8.79, also am 29. August 1979 geboren.

6 a) Die Zahlen von 1 bis 63.
b) 7 Stellen.

7 Ja, das stimmt. Die Längen der Holzstücke entsprechen dem Wert der ersten 5 Stellen im Zweiersystem. Damit kann man alle Längen von 1 cm bis 31 cm durch Aneinanderlegen der Stäbe erzeugen.

8 a) Die Zahl verdoppelt sich.
b) Sie ist gerade, wenn die Einerziffer 0 ist, sonst ungerade.

9 individuelle Gestaltung

Wiederholen – Vertiefen – Vernetzen

Seite 41

1 a) Jens: 13,6 g Eiweiß; 100 g Fett; 116 g Kohlenhydrate
Grete: 13,35 g Eiweiß; 14,9 g Fett; 73,9 g Kohlenhydrate (Der Apfel wurde mit 100 g gerechnet.)
b) Individuelle Lösung, bei einem Körpergewicht von z. B. 40 kg beträgt der Tagesbedarf Eiweiß 60 g; Fett 40 g; Kohlenhydrate 200 g.
Dies wird in etwa bereitgestellt von z. B. 300 g Brot, 100 g Fisch, 100 g Käse und 100 g Apfel.
(Eiweiß 67 g, Fett 45 g, Kohlenhydrate 192 g)

2 a) Individuelle Lösung, z. B. Säulendiagramm; Maßstab: 1 g Eiweiß entspricht 1 Kästchen (0,5 cm).
b) Man setzt bei einem Säulendiagramm jeweils drei verschiedenfarbige Säulen nebeneinander.
Gehalt von 100 g eines Nahrungsmittels an Eiweiß, Fett und Kohlenhydraten.

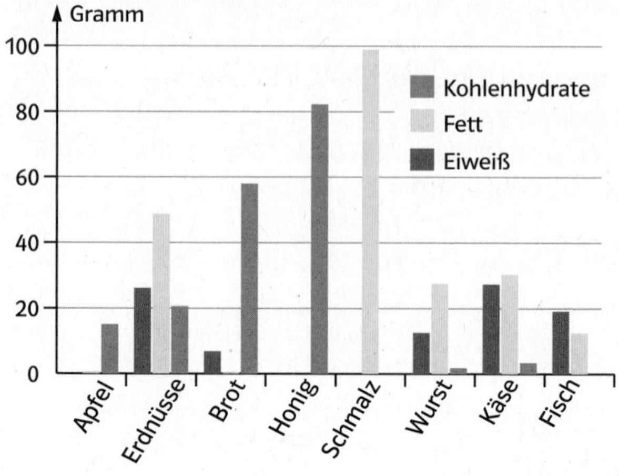

3 1. Anke 2. Christa 3. Torsten 4. Bernd

4 a) individuelle Lösung
b) Individuelle Lösung, z. B.
Die Boeing 747 benötigt bei nicht einmal doppelter Reichweite wie ein Airbus A 319 die etwa siebenfache Treibstoffmenge. Dafür kann sie fast die dreifache Passagierzahl befördern.
Der Airbus A 380 transportiert doppelt so viele Passagiere wie die Boeing 747 und hat eine größere Reichweite wie sie, braucht dafür aber nicht den doppelten Treibstoff wie die Boeing 747.
c) Weitere Vergleichsmöglichkeiten: Passagierzahl und Leergewicht; Länge und Spannweite; Flügelfläche und Passagierzahl.

Seite 42

5 individuelle Lösung

6 individuelle Lösung

7 Die Größen sollten mit den üblichen Maßeinheiten angegeben werden;
Wie ich einen guten Kuchen backe
Wenn man wie ich nur **41 kg** wiegt und **1 m 45 cm** lang ist, sollte man hin und wieder einen Kuchen essen. Danach muss ich dann meinen Gürtel um die Winzigkeit von **2 cm** weiter stellen. Am leichtesten geht Rührkuchen. Dazu nehme ich **500 g** Mehl. Das ist gar nicht so viel, wie es auf den ersten Blick aussieht. Dazu **250 g** Margarine, ein bisschen Milch und ein paar Eier. Alles in eine Schüssel und gut rühren. Halt, fast hätte ich den Zucker vergessen. Oh je, wir haben nur noch **100 g** da, hoffentlich reicht das. Noch mal kräftig gerührt und dann zack in die Form

und **20 min** bei 180 °C backen. Während der Kuchen im Ofen ist, spiele ich mit meinem Hund. Ich werfe einen Ball **22 m** in die Wiese hinaus und der Hund muss ihn holen. Wenn der Kuchen fertig ist, kommen alle aus nah und fern, sogar aus dem **4,5 m** entfernten Wohnzimmer, um ihn zu essen. So gut ist mein Kuchen!

8 Bei allen Monaten außer dem Februar bleibt die Tageszahl gleich.
Januar 31; März 31; April 30; Mai 31; Juni 30; Juli 31; August 31; September 30; Oktober 31; November 30; Dezember 31.
Anzahl der Februartage:

Jahr	2003	2004	2005	2006	2007	2008	2009
Anzahl	28	29	28	28	28	29	28

Jahr	2010	2011	2012	2013	2014	2015
Anzahl	28	28	29	28	28	28

9 a) 10 Tage
b) 22 + 31 + 30 + 31 = 114 Tage
c) 8 + 31 + 30 + 31 + 30 + 31 + 31 + 30 + 31 +30 + 31
= 314 Tage.

10 a) Franz ist älter. b) Unterschied: 30 Tage.

Von Kerbhölzern, Hieroglyphen und Ziffern

Seite 45

Zu Fig. 1: Die Jahreszahl am Chorgestühl der Stiftskirche in Urach lautet 1472.

Ein Rätsel
Die gesuchten Wörter sind: Zweifel, zwischen, Zwiespalt, zweifelhaft, Zwillinge, entzweien, Zweisamkeit, Zwietracht, zwicken, Zwist, Abzweigung.

II Symmetrie

1 Orthogonale und parallele Geraden

Seite 51

1 parallele Strecken:
- gegenüberliegende Kanten des Tisches
- gegenüberliegende Kanten der Tafel
- gegenüberliegende Seiten des Spielfeldes
- Laufbahnmarkierung der 100-m-Bahn
- Notenlinien
- Taktstriche
- Straßenbahnschienen

orthogonale Strecken:
- benachbarte Kanten am Tisch
- Schreiblinie zum Rand im Heft
- Schenkel des Geodreiecks
- Haltelinie zur Straßenführung im Verkehr
- Notenhals zur Notenlinie
- Taktstrich zur Notenlinie

2 Mühltal – Am Steiger ist parallel zu Langetal – Ernst-Abbe-Platz
- Steinweg – Jena-O ist parallel zu Mühltau – Am Steiger
- Löbstedt – Universität ist parallel zu Am Steinbach – Schlachthofstr.
- Mühltal – Am Steiger ist orthogonal zu Löbstedt – Universität
- Closewitzer Str. – Schützenhofstr. ist orthogonal zu Langetal – Stadt-Zentrum und zu Mühltal – Am Steiger

3

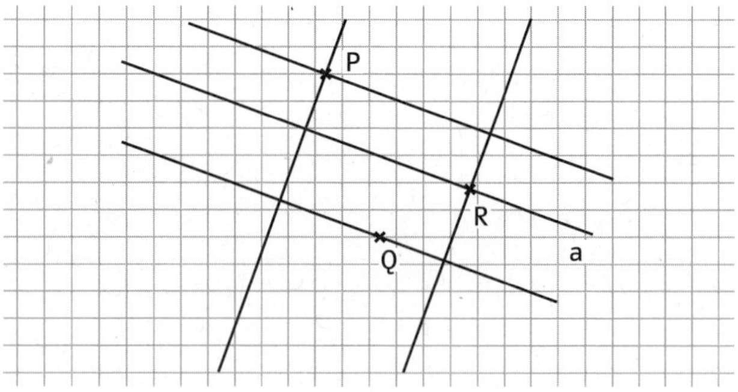

Seite 52

4 a∥c; d∥f; e∥g; h∥k; i∥l;
a ⊥ d; a ⊥ f; c ⊥ d; c ⊥ f; b ⊥ e; b ⊥ f

5

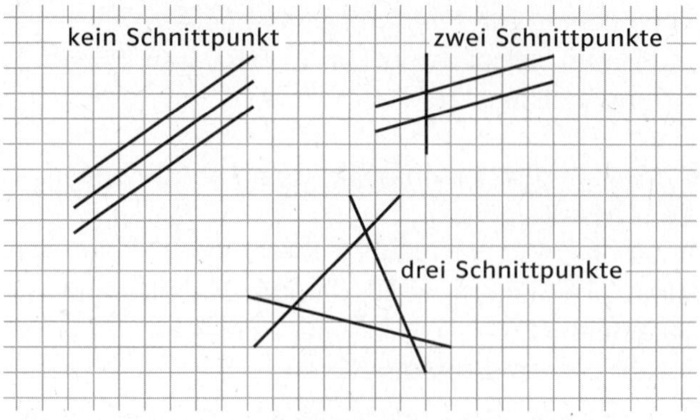

Die Aussage von Paula stimmt nicht. Drei Schnittpunkte entstehen nur, wenn die Geraden untereinander nicht parallel sind.

6 a) g∥h b) g ⊥ h
c) g ⊥ h d) g∥h
e) g∥h f) g∥h

7 a) Bohrmaschine, Hammer und Schraubendreher können bei der Herstellung des Bilderrahmens verwendet werden, eignen sich jedoch nicht zur Absicherung von parallelen oder orthogonalen Kanten.

Lot:
- Senkrechtes Aufhängen des Bildes

Wasserwaage:
- waagerechtes Aufhängen des Bildes
- parallele und orthogonale Bilderrahmenkanten auf einem waagerechten Untergrund

Dreieck:
- orthogonale Bilderrahmenkanten
- parallele Bilderrahmenkanten durch zwei Messungen

Zirkel:
- prinzipiell zur Konstruktion von parallelen und orthogonalen Linien, jedoch für Bilderrahmen nicht geeignet, da zu klein

Gliedermaßstab:
- gleiche Längen gegenüberliegender Bilderrahmenkanten, parallele Kanten
- Faustregel 3 cm, 4 cm, 5 m zur Erzeugung von rechten Winkeln orthogonale Kanten (Pythagoras nicht erwähnen)

Schieblehre:
- gleicher Abstand von Kanten zu parallelen Kanten

b) Durch das mehrfache Messen des Abstandes zu einer Bezugsgeraden kann die Parallelität der Rahmenkanten geprüft werden, aber auch ob das Bild parallel zum Fußboden oder zum Türrahmen an der Wand hängt.

8

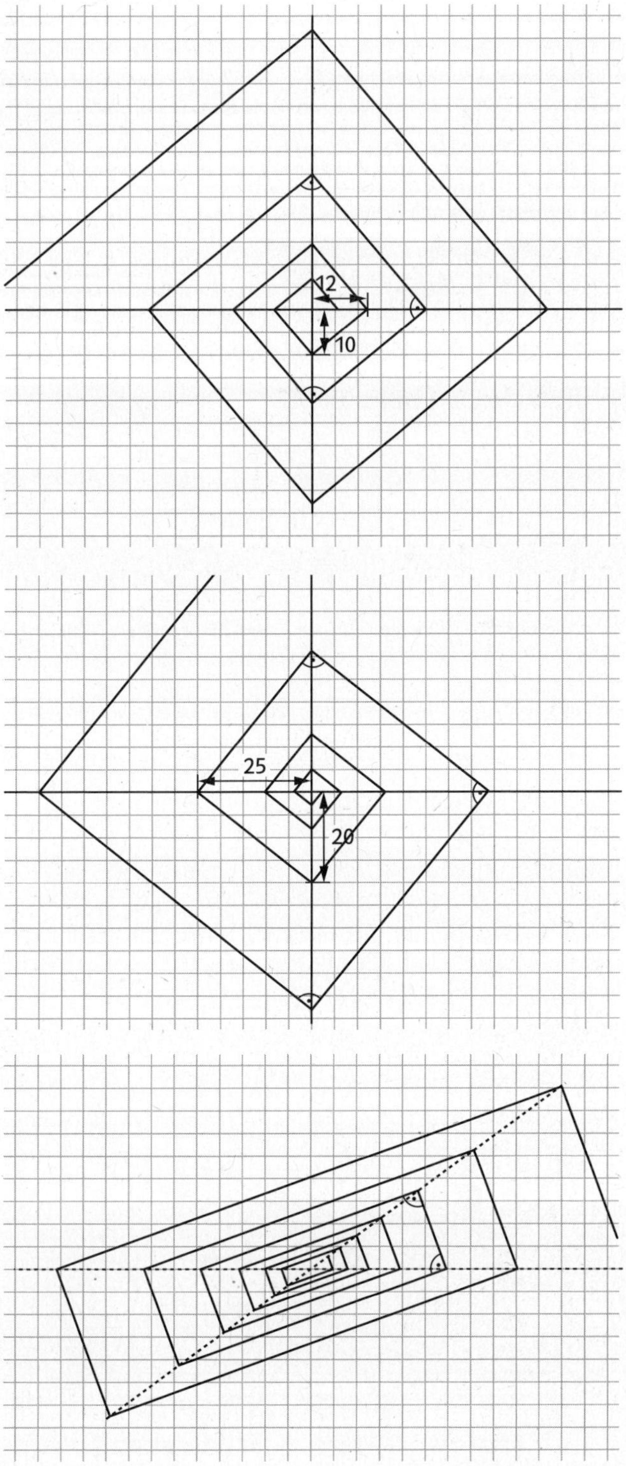

9

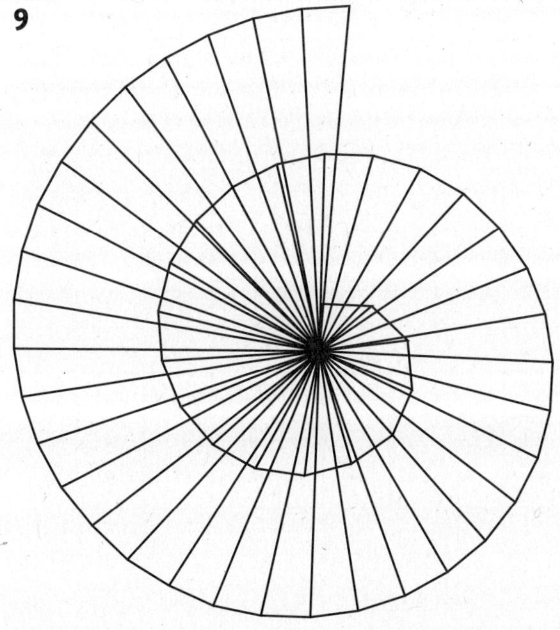

10

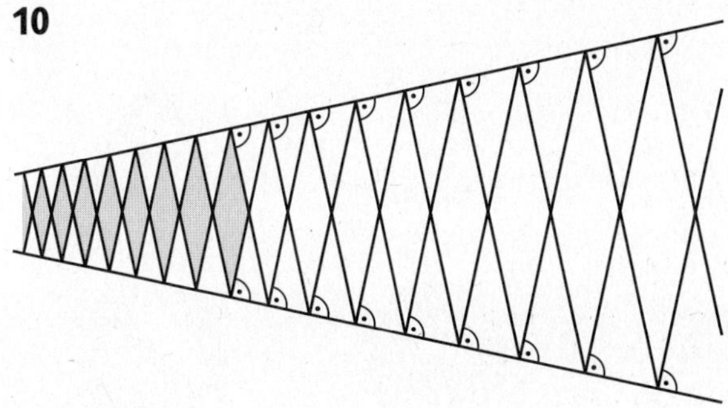

Seite 53

11 a) Abstand PQ: 2 cm
Abstand QR: 1 cm
b) 2 cm
c) Die Geraden sind parallel. Ihr Abstand ist 2 cm.

12 a) Abstand W zur Geraden a: 1 cm
Abstand W zur Geraden b: 1 cm
Abstand W zur Geraden c: 1,5 cm
b) 3 cm

13 1,5 cm

14

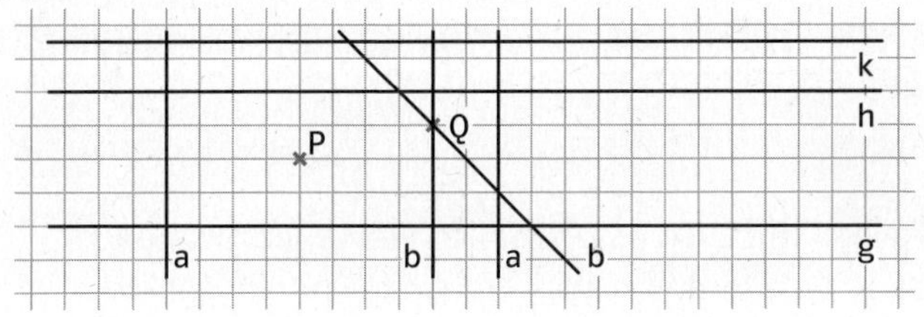

2 Achsensymmetrische Figuren

Seite 55

1

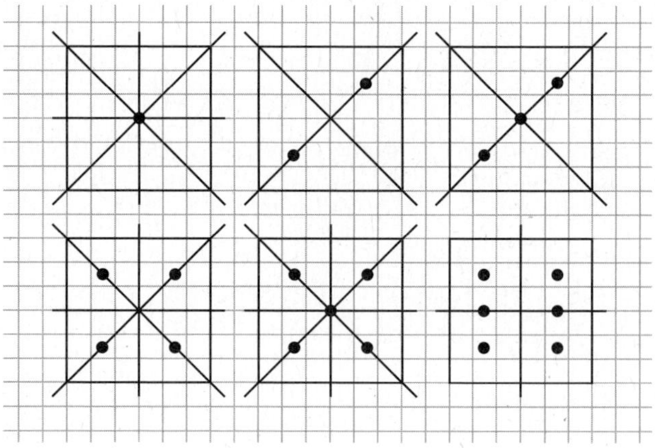

Seite 56

2

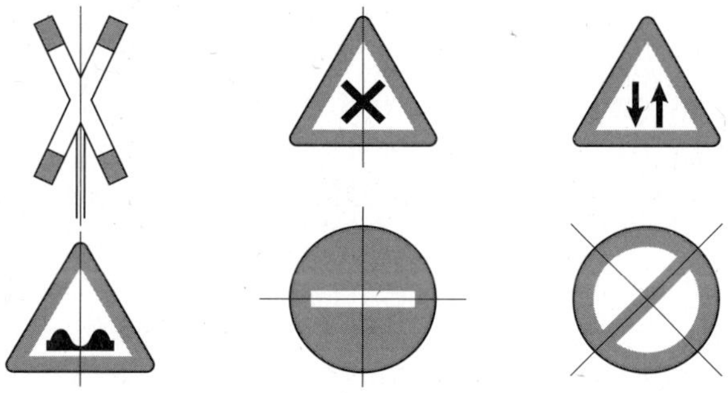

3

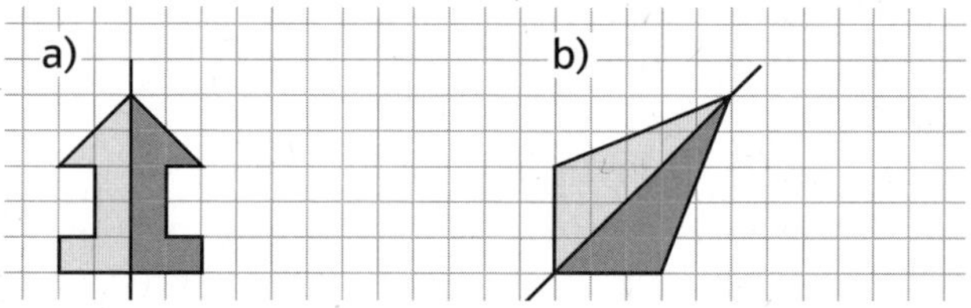

4

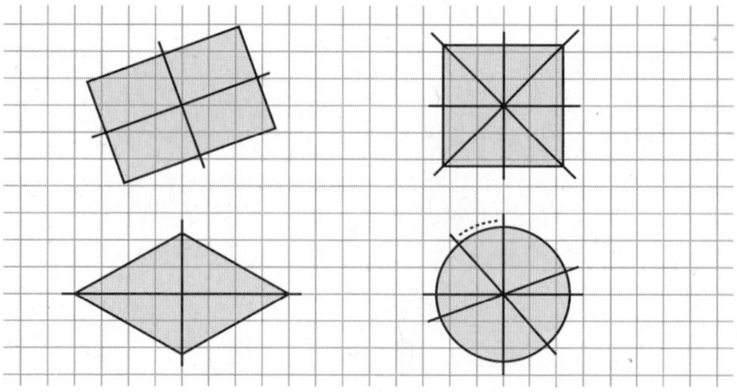

Beim Kreis gibt es unendlich viele Symmetrieachsen, die alle durch den Kreismittelpunkt gehen.

5

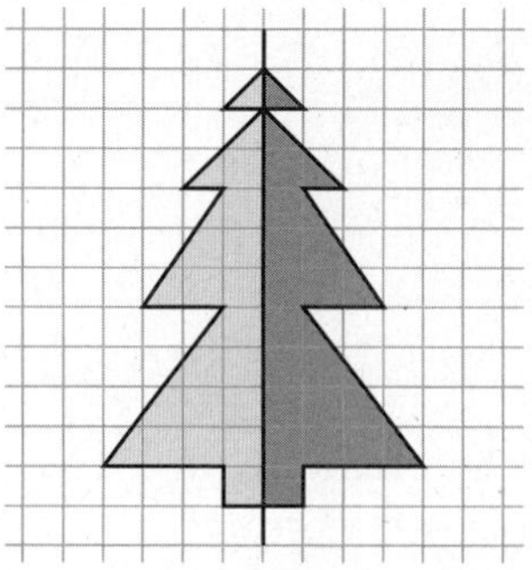

6 HEIKO BECK; HEIDI EICHE

7

a)

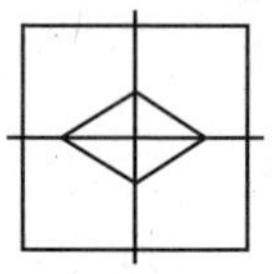

zwei Symmetrieachsen

b)

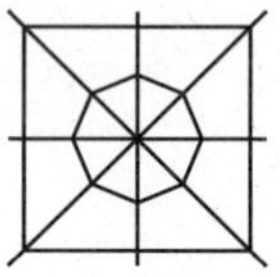

vier Symmetrieachsen

Seite 57

8

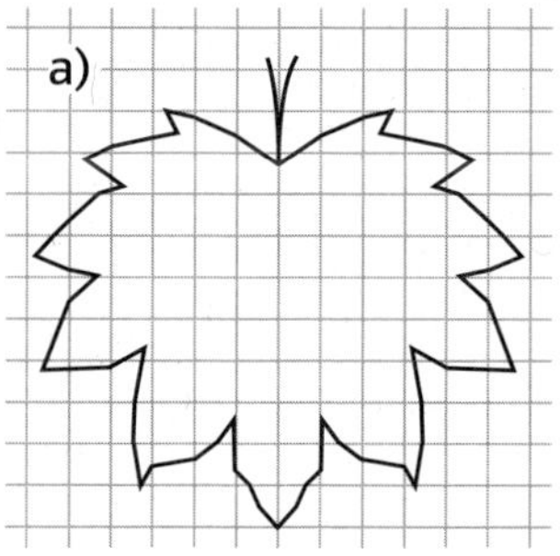

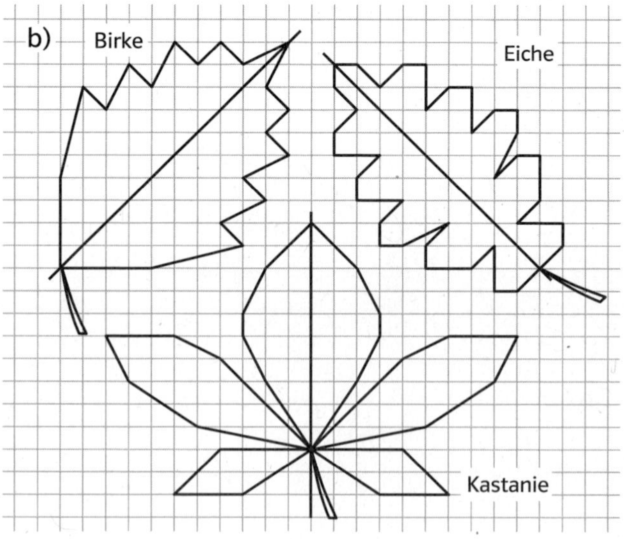

9 a) Buchstaben mit waagerechter Symmetrieachse: B; C; D; E; H; I; K; O; X
Buchstaben mit senkrechter Symmetrieachse:
A; H; I; M; O; T; U; V; W; X; Y
b) Buchstaben mit mehreren Symmetrieachsen:
H; I; O; X
c)

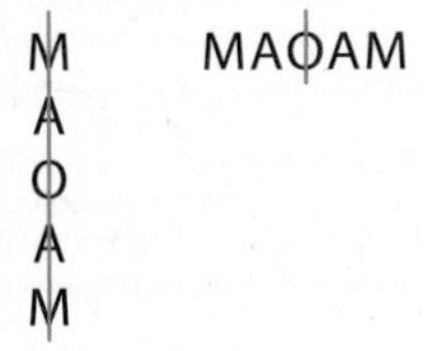

d) DIE HEXE ZAUBERN kann leider nur die Hexe.

e)

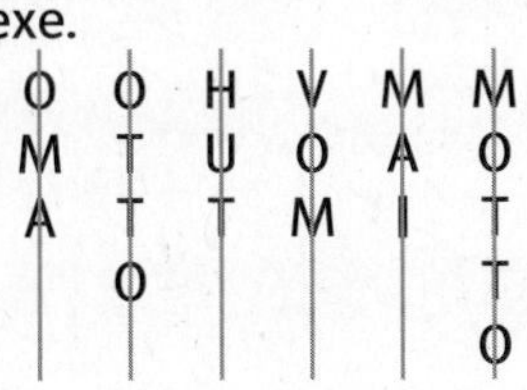

BEIDE KOCH
BOB EIBE
DIE DEICH

10

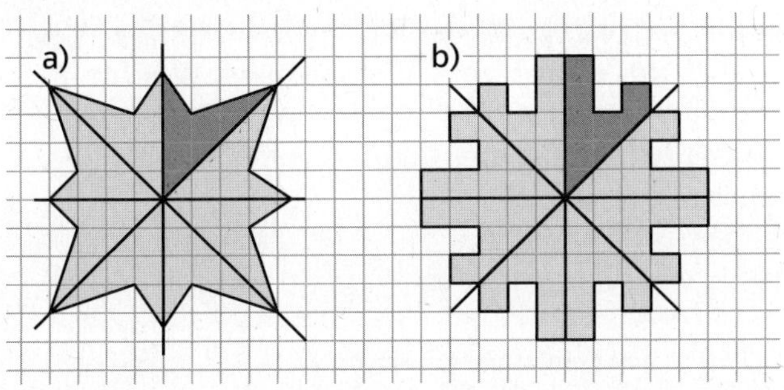

11

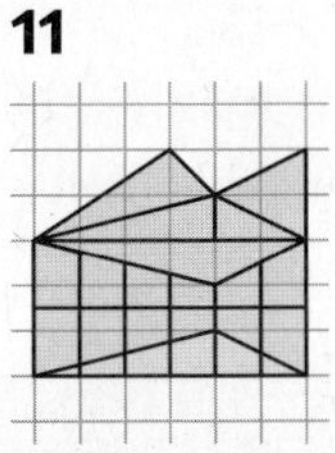

Die Bilder von außen und innen betrachtet sind genau Spiegelbilder zueinander.

12

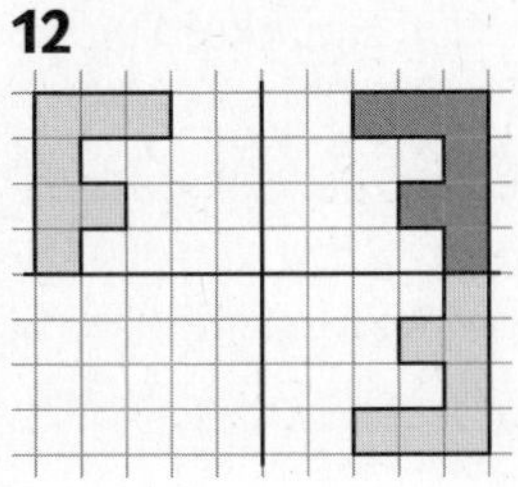

3 Vierecke und Kreise

Seite 60

1

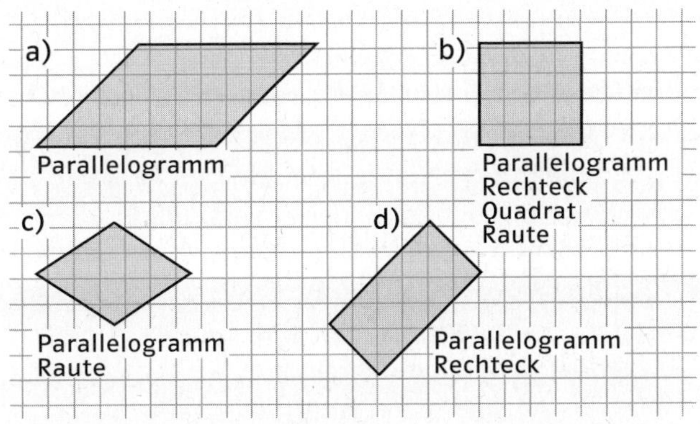

2 Da das Winkelmessen noch nicht behandelt wurde, können unterschiedliche Parallelogramme entstehen.

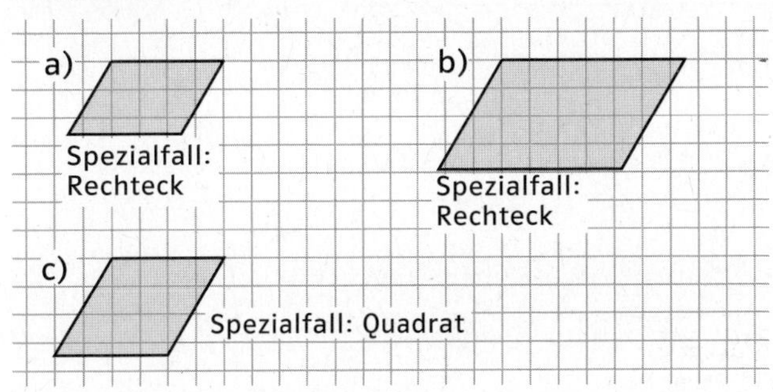

3

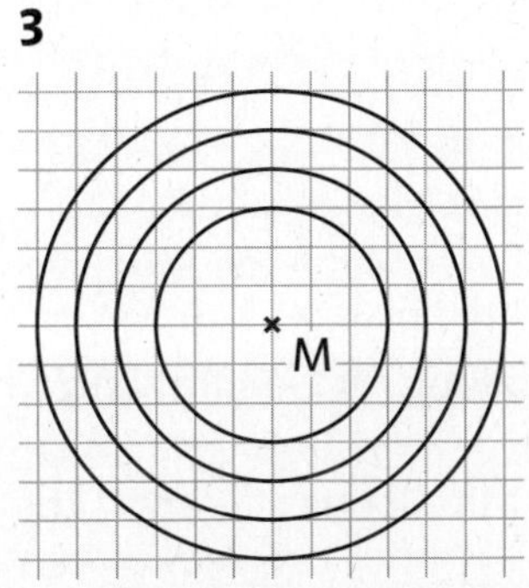

4 Beispiele für weitere Muster findet man auf der Randspalte. Es sind auch eigene Ideen gefragt.

5

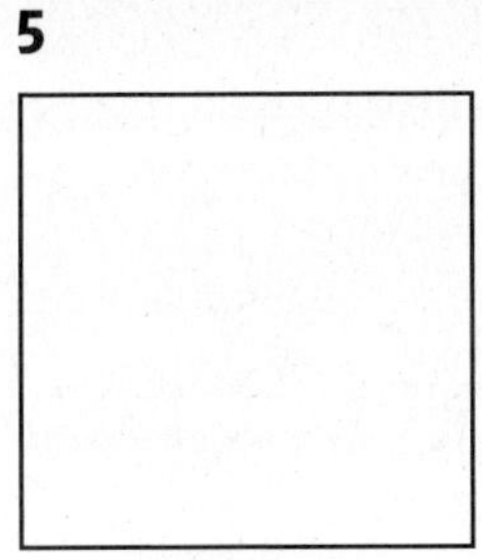

Quadrat

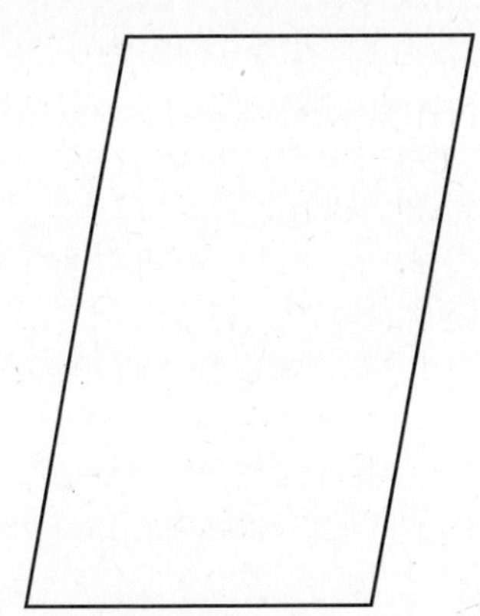

Parallelogramm

6 a)
- Gegenüberliegende Seiten sind parallel.
- Benachbarte Seiten sind zueinander orthogonal.
- Diagonalen sind gleich lang.
- Die Diagonalen halbieren einander.

b)
- Gegenüberliegende Seiten sind parallel.
- Die Diagonalen halbieren einander.

7 Parallelogramm, Raute, Quadrat (wenn die Schienen orthogonal zueinander verlaufen)

8 Raute:
- Gegenüberliegende Seiten sind parallel.
- Diagonalen halbieren einander.
- Diagonalen sind orthogonal zueinander.

Drachen:
- Diagonalen sind orthogonal zueinander.

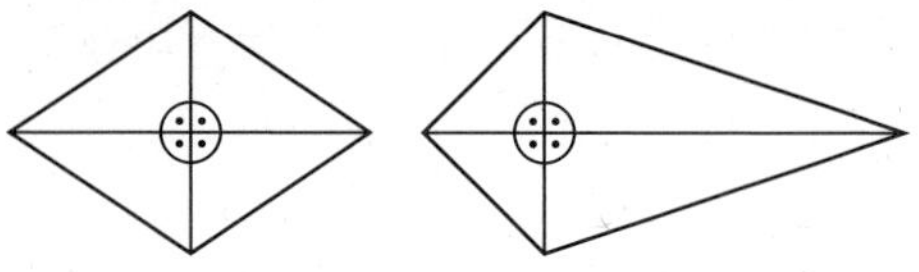

Seite 61

9

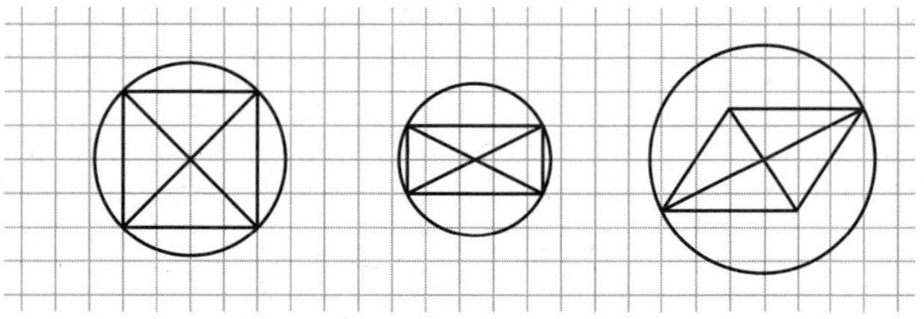

1. An Beispielen ausprobieren.
2. Einzelne Gegenbeispiele widerlegen die Möglichkeit eines Umkreises für ein Parallelogramm.
3. Nach allgemeiner Begründung für Quadrat und Rechteck suchen.

Diagonalenschnittpunkt ist Mittelpunkt für den Umkreis.
- Dies ist möglich, da sich die Diagonalen gegenseitig halbieren und die Diagonalen gleich lang sind.
- Damit hat jeder Eckpunkt denselben Abstand zum Kreismittelpunkt.
- Sollen zwei Punkte auf einem Kreis liegen, so müssen sie denselben Abstand zum Kreismittelpunkt haben.
- Der Kreismittelpunkt liegt also auf der Seitenhalbierenden.
- Im Quadrat und Rechteck schneiden sich die Seitenhalbierenden in einem Punkt.

(Im Parallelogramm haben Seitenhalbierende gegenüberliegender Seiten keine gemeinsamen Punkte.)

10

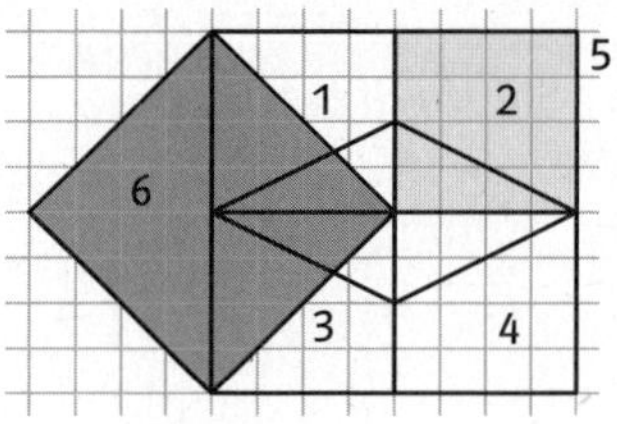

Rechtecke
Parallelogramme
(Raute)
(Drachen)
Dreieck
Trapez

11

a)

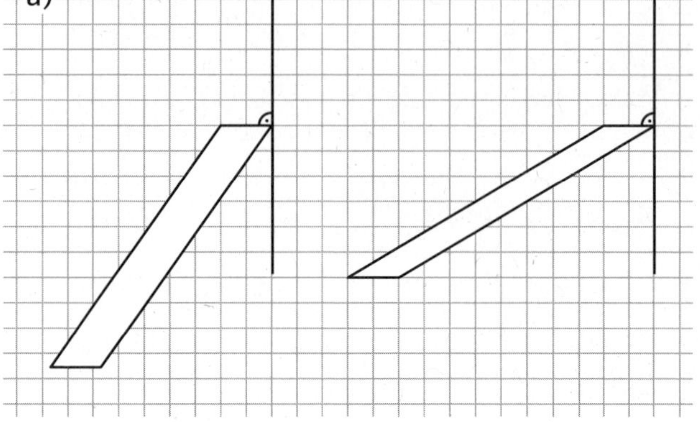

b) Die Scheibenwischblätter eines Busses stehen immer senkrecht. Die Scheibenwischblätter beschreiben Teile einer Kreisbahn. Die spezielle Lage wird durch die Drehbewegung einer Parallelogrammseite erreicht.

12

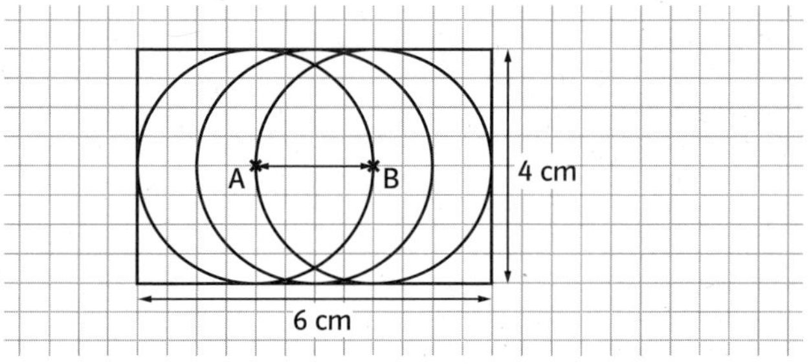

Der Radius der Kreise entspricht der halben Länge der kürzeren Rechteckseite. Die Mittelpunkte liegen auf der Strecke $\overline{AB}$.

13

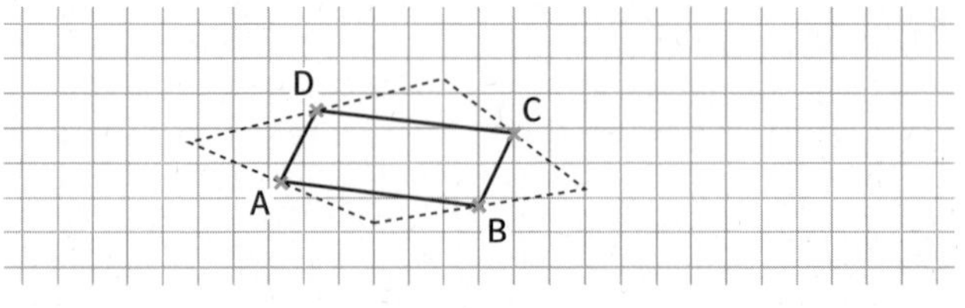

14 a) einhundertzwanzigtausend
b) vier Millionen zweihundertdreißigtausendeinhundertsechsundzwanzig
c) 2 300 000, zwei Millionen dreihunderttausend
d) 4 320 000, vier Millionen dreihundertzwanzigtausend

15 a) 3 492 227 b) 800 052

16 a) 25 km = 25 000 m b) 15 m = 1500 cm
c) 13 000 cm = 130 m d) 4 kg 23 g = 4023 g
e) 120 000 g = 120 kg f) 2 t 75 kg = 2075 kg
g) 2 h 26 min = 146 min h) 5 min 30 s = 330 s

17

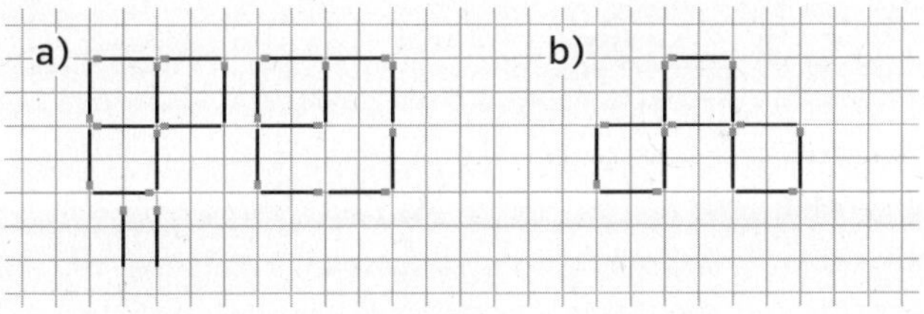

4 Koordinatensysteme

Seite 63

1 a) P (4 | 4) b) P (5 | 3)

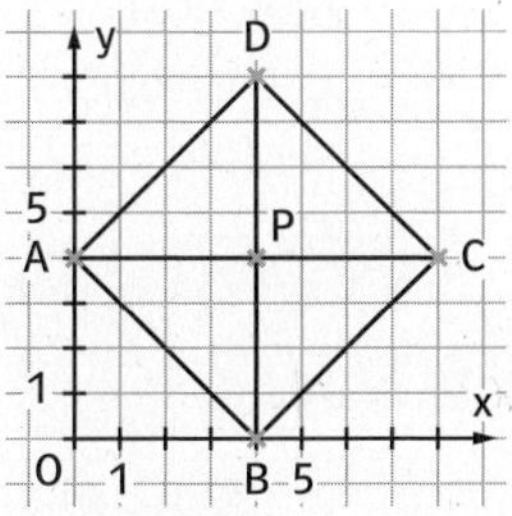

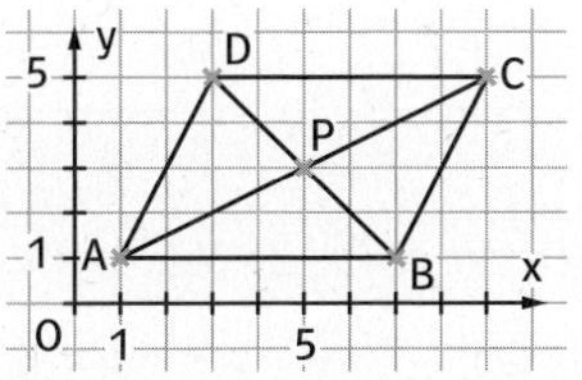

c) P (6 | 4)

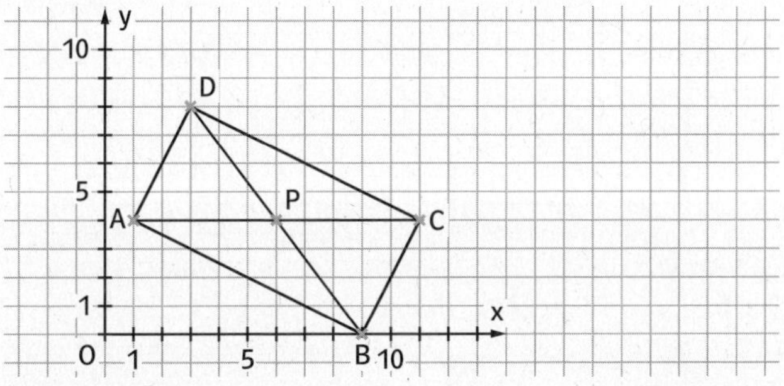

d) P (6 | 4)

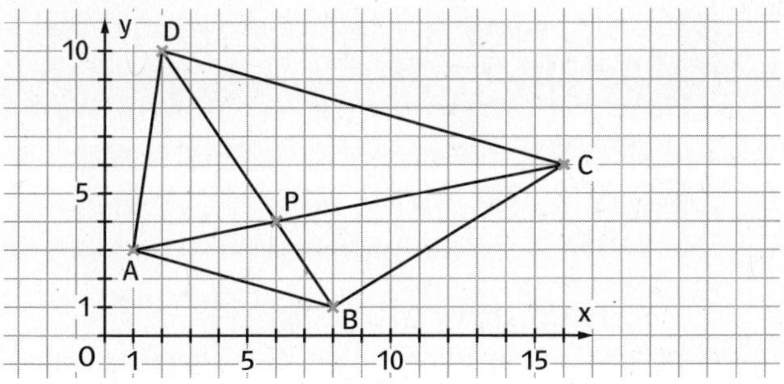

2

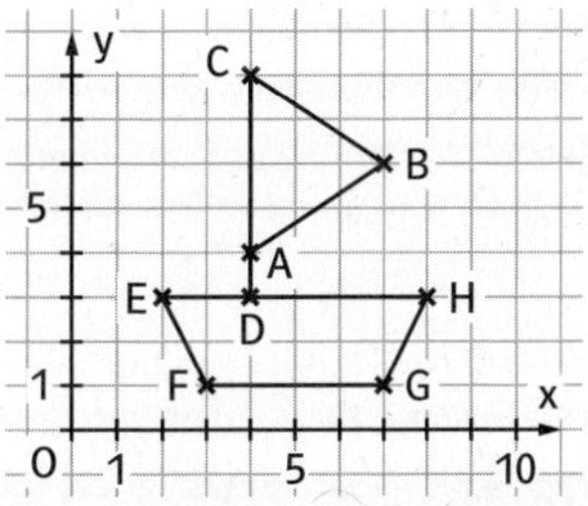

3 Quadrat: A(1 | 2), B(2 | 1), C(3 | 2), D(2 | 3)
Parallelogramm: E(4 | 2), F(4 | 1), G(9 | 2), H(9 | 3)
Rechteck: I(10 | 1,5), K(12 | 0,5), L(13,5 | 3,5), M(11,5 | 4,5)

4 Die Reihenfolge der Punkte ABCD wird berücksichtigt.
a) D(11 | 11) b) D(7 | 0) c) D(13 | 5)

5 (1 | 3), (3 | 3), (3 | 2), (5 | 1), (9 | 1), (5 | 3), (5 | 4), (9 | 6), (7 | 6), (8 | 8), (5 | 5), (4 | 6), (5 | 9), (2 | 6), (2 | 5), (3 | 4), (2 | 4), (1 | 3)

6 individuelle Gestaltung

Seite 64

7 a) C(0 | 1) b) D(9 | 0)

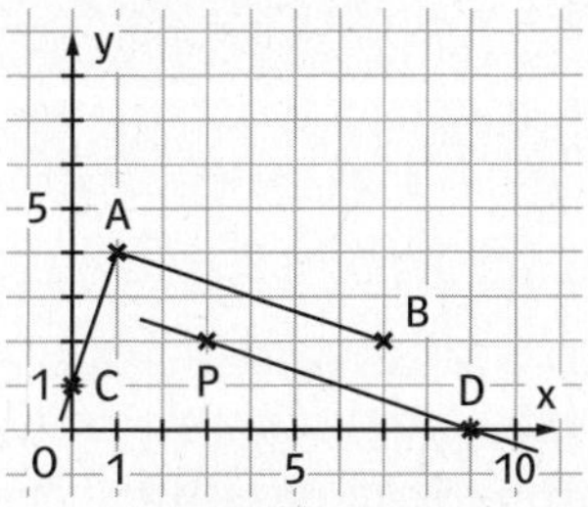

8 a) Dreieck: A(2 | 1), B(5 | 5), C(0 | 7)
Parallelogramm: A(1 | 4), B(3 | 0), C(5 | 4), D(3 | 8)
Quadrat: A(2 | 1), B(5 | 2), C(4 | 5), D(1 | 4)
b) Dreieck: M_{AB} (3,5 | 3), M_{BC} (2,5 | 6), M_{AC} (1 | 4)
Parallelogramm: M_{AB} (2 | 2), M_{BC} (4 | 2), M_{CD} (4 | 6) M_{AD} (2 | 6)
Quadrat: M_{AB} (3,5 | 1,5), M_{BC} (4,5 | 3,5), M_{CD} (2,5 | 4,5) M_{AD} (1,5 | 2,5)

9 S – P_1(2 | 1); P_2(9 | 4); P_3(10 | 1); P_4(12 | 1); P_5(13 | 3); P_6(17 | 5); P_7(19 | 3); P_8(26 | 6) – Z

10 D_1(5 | 4); D_2(1 | 0); D_3(5 | 8)

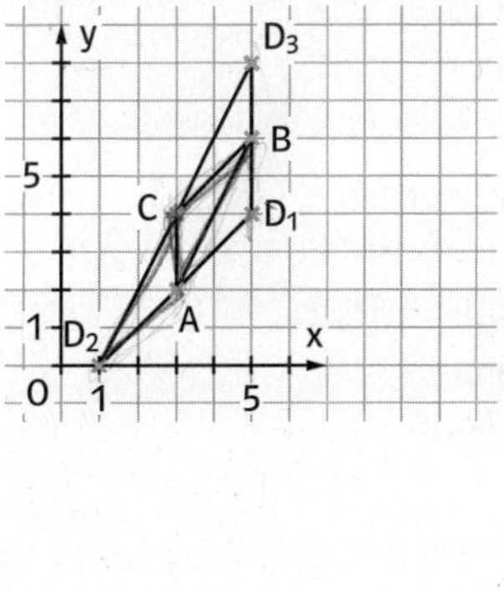

11 a) A(1 | 1), B(2 | 0), C(4 | 2), D(3 | 3), E(5 | 1), F(5 | 3)
b) A′(9 | 1); B′(8 | 0); C′(6 | 2); D′(7 | 3)

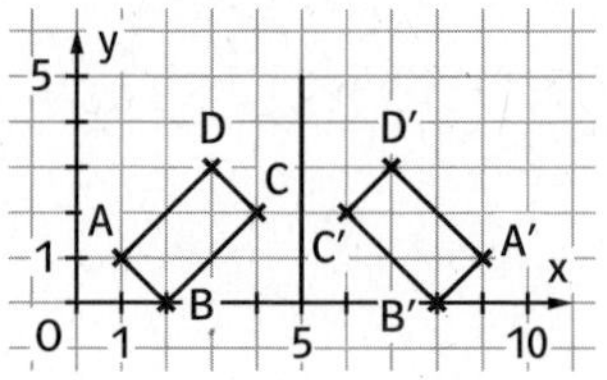

c) P(4 | 1); P′(10 − 4 | 1) = P′(6 | 1)

12 a) auf der x-Achse
b) auf einer Parallelen zur y-Achse durch den Punkt (2 | 0)
c) auf einer Geraden durch die Punkte (0 | 0) und (1 | 1)

13

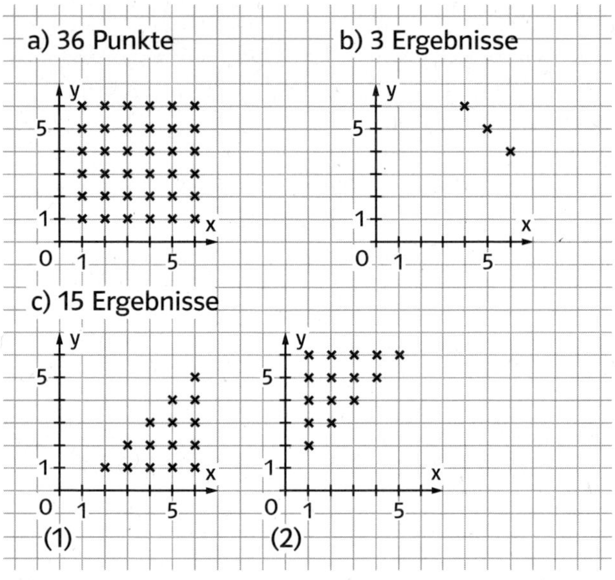

Wenn die x-Koordinate die Augenzahl des roten Würfels ist, dann gilt (2). Ist die x-Koordinate die Augenzahl des gelben Würfels, dann gilt (1).

5 Punktsymmetrische Figuren

Seite 66

1

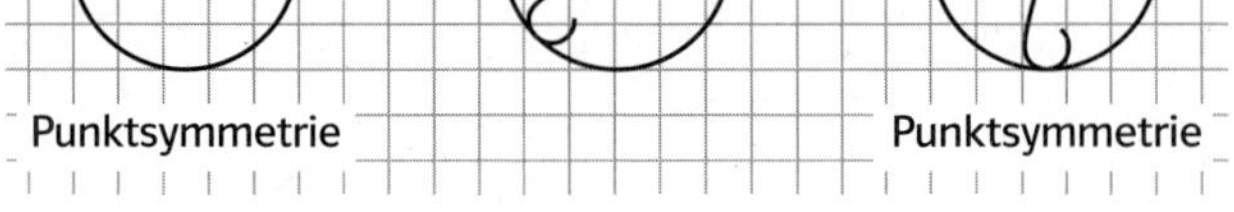

2 a) Rechteck – punktsymmetrisch
b) Trapez – nicht punktsymmetrisch
c) Drachen – nicht punktsymmetrisch
d) Raute – punktsymmetrisch
e) Quadrat – punktsymmetrisch

3

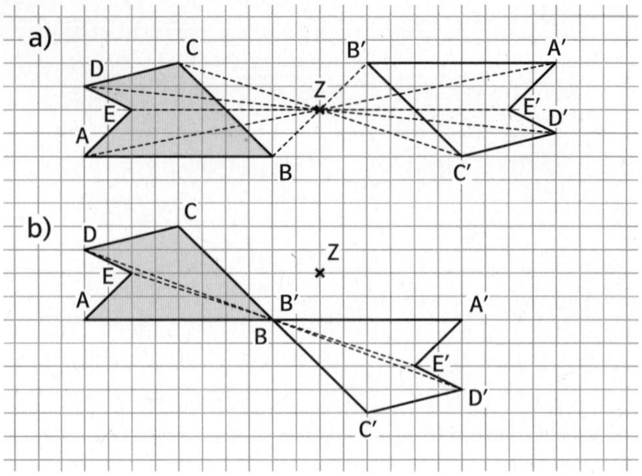

Seite 67

4 A′(1 | 3); B′(1 | 2); C′(2 | 2); D′(3 | 1); E′(5 | 3)

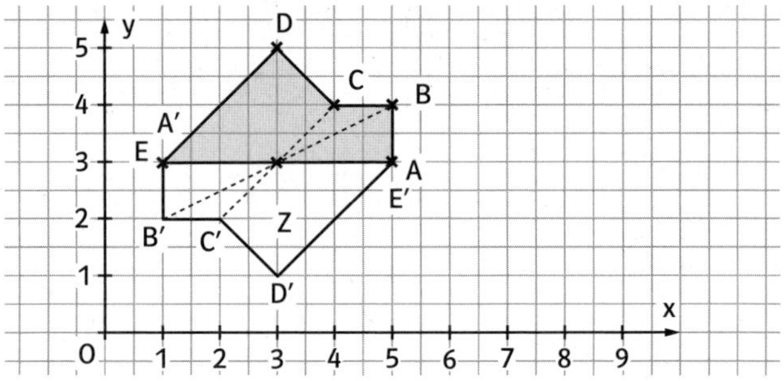

A′(5 | 3); B′(5 | 2); C′(6 | 2); D′(7 | 1); E′(9 | 3)

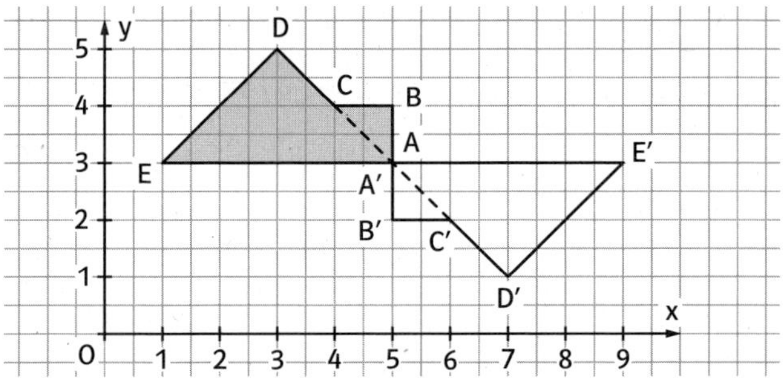

5

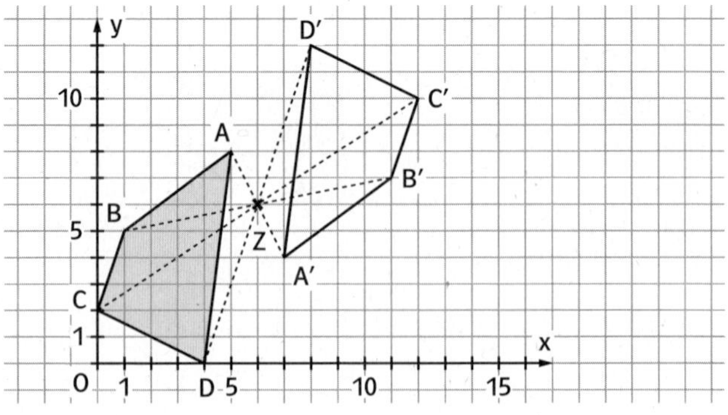

6

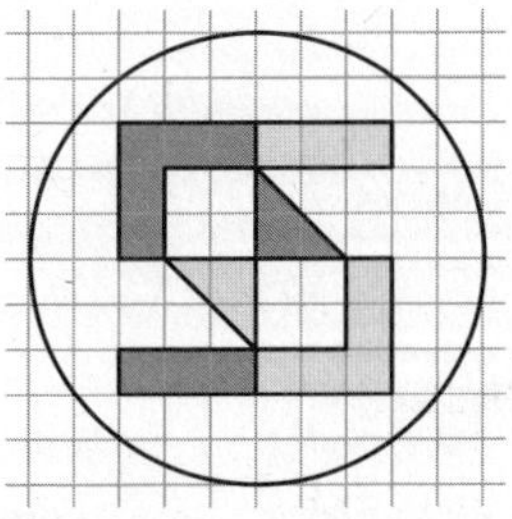

7

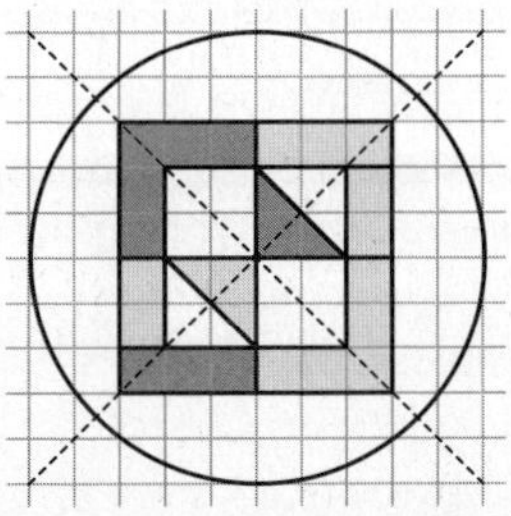

8

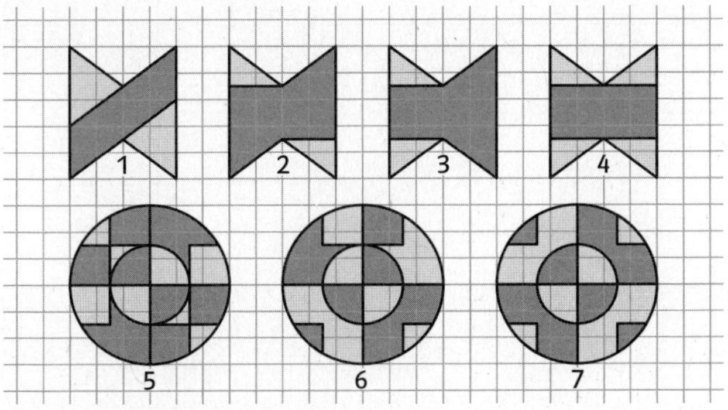

1 punktsymmetrisch
2 punktsymmetrisch
3 achsensymmetrisch
4 punkt- und achsensymmetrisch
5 punktsymmetrisch
6 –
7 punkt- und achsensymmetrisch

9

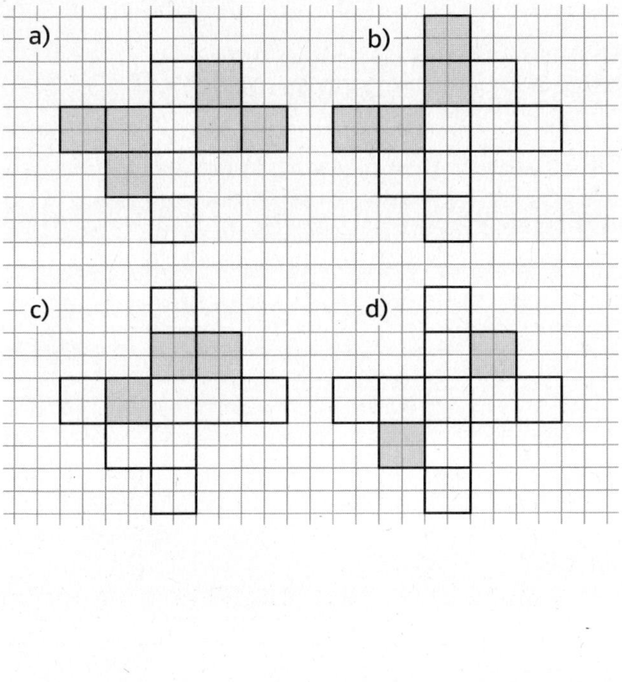

10

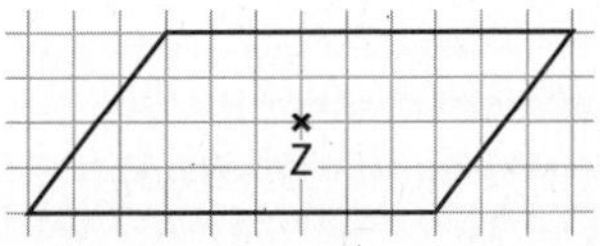

Jedes Parallelogramm erfüllt die gesuchten Eigenschaften.

Seite 68

11

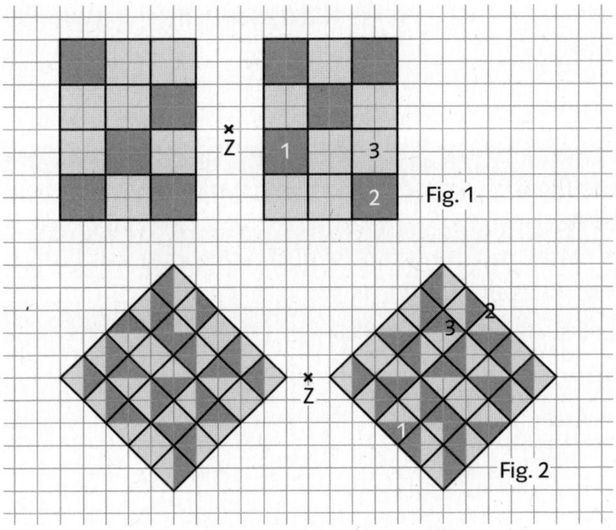

12 Summand + Summand = Summe
Faktor · Faktor = Produkt

13

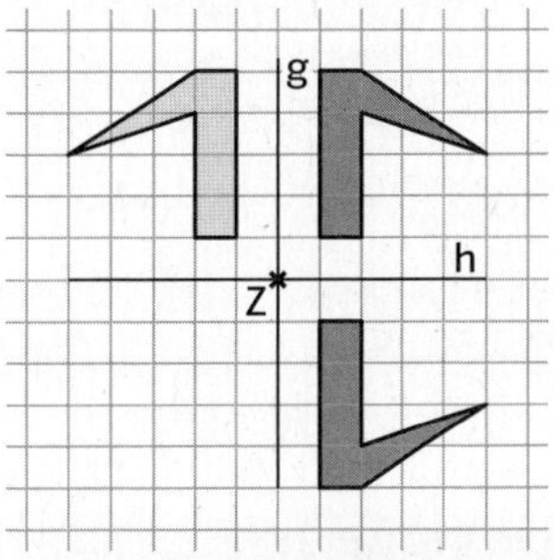

a) Die Ausgangsfigur und das zuletzt gezeichnete Bild liegen punktsymmetrisch zueinander. Das Symmetriezentrum ist Z.
b) Ja. Wird eine Figur nacheinander an den Geraden g und h gespiegelt, so entsteht ein Bild, welches punktsymmetrisch zur Ausgangsfigur liegt. Das Symmetriezentrum ist der Schnittpunkt der Geraden g und h.
c) Liegen g und h nicht orthogonal zueinander, so entsteht keine punktsymmetrische Lage des Bildes zur Ausgangsfigur.

14 a) Skizze

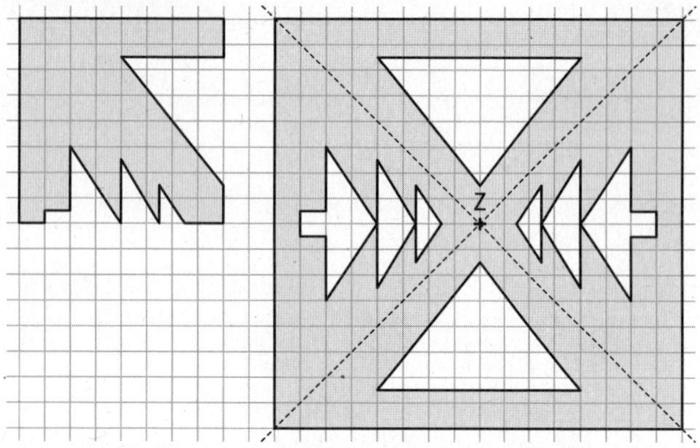

Die Figur ist achsen- und punktsymmetrisch.
b) Auch wenn das Quadrat entlang der Diagonale gefaltet wird, entsteht ein Schnittmuster mit Punkt- und Achsensymmetrie.

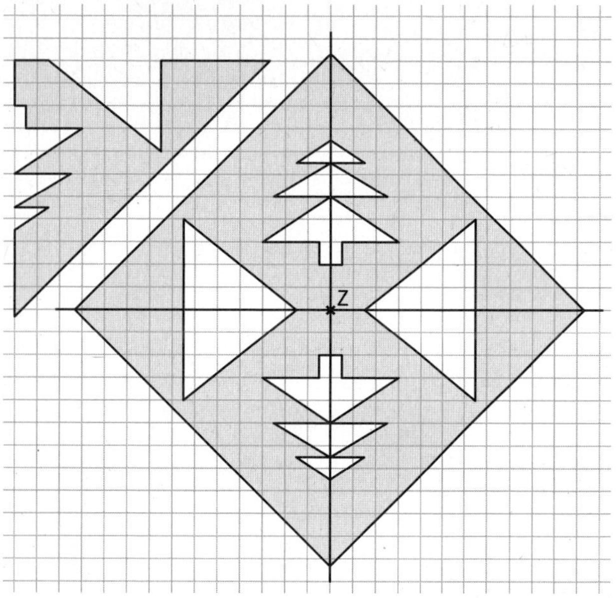

Wiederholen – Vertiefen – Vernetzen

Seite 69

1

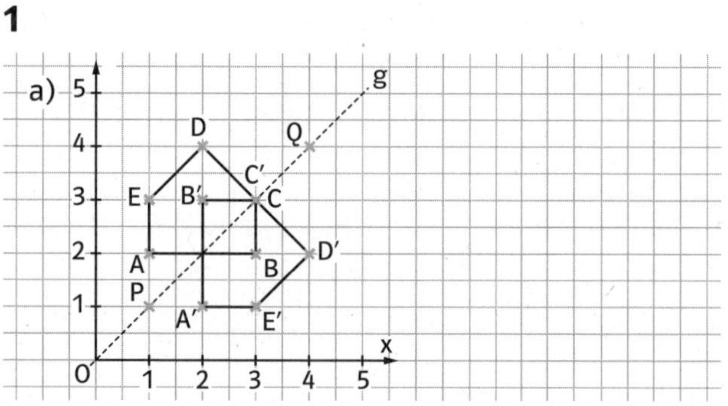

b) A′(2 | 1); B′ (2 | 3); C′ (3 | 3); D′ (4 | 2); E′ (3 | 1)

2

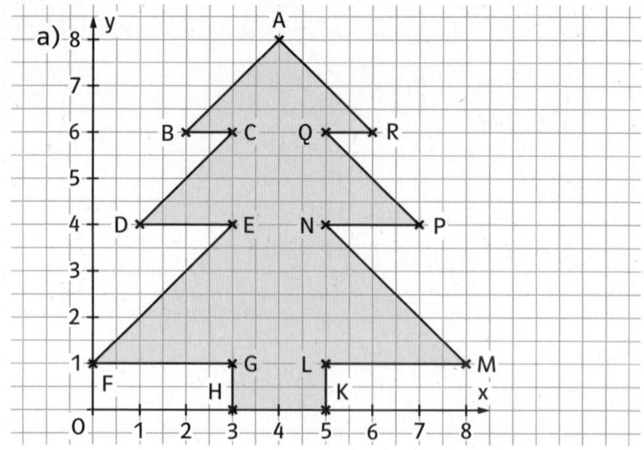

b) individuelle Lösungen

3

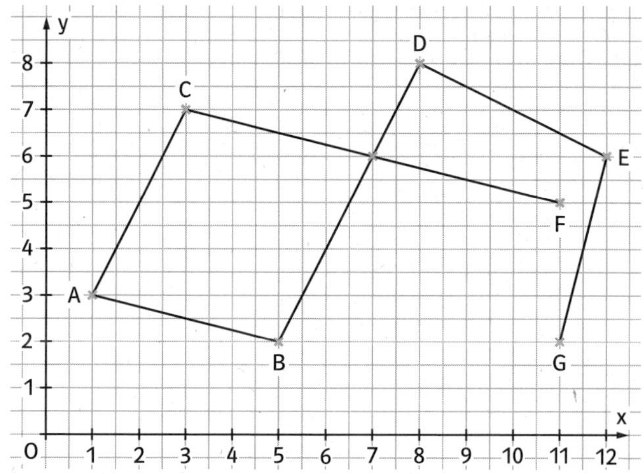

a)
$\overline{AB}$ = 4,1 cm $\overline{AC}$ = 4,5 cm $\overline{BD}$ = 6,7 cm
$\overline{CF}$ = 8,2 cm $\overline{DE}$ = 4,5 cm $\overline{EG}$ = 4,1 cm
$\overline{CF} > \overline{BD} > \overline{AC} = \overline{DE} > \overline{AB} = \overline{EG}$
b) $\overline{CF} \parallel \overline{AB}$; $\overline{AC} \parallel \overline{BD}$
c) $\overline{CF} \perp \overline{EG}$; $\overline{AC} \perp \overline{DE}$ $\overline{AB} \perp \overline{EG}$; $\overline{BD} \perp \overline{DE}$

4 a)

Kreis:	M(1 | 1); r = 1
Dreieck:	$\triangle_1$ (0 | 2); (2 | 4); (0 | 4)
	$\triangle_2$ (3 | 2); (5 | 2); (5 | 4)
Trapez:	T_1 (0 | 2); (3 | 2); (5 | 4); (0 | 4)
	T_2 (0 | 2); (5 | 2); (5 | 4); (2 | 4)
Rechtecke:	R_1 (0 | 2); (5 | 2); (5 | 4); (0 | 4)
	R_2 (0 | 2); (0 | 0); (3 | 0); (3 | 2)
	R_3 (0 | 0); (5 | 0); (5 | 4); (0 | 4)
Quadrat:	Q_1 (3 | 0); (5 | 0); (5 | 2); (3 | 2)
Parallelogramm:	P_2 (0 | 2); (3 | 2); (5 | 4); (2 | 4)

5

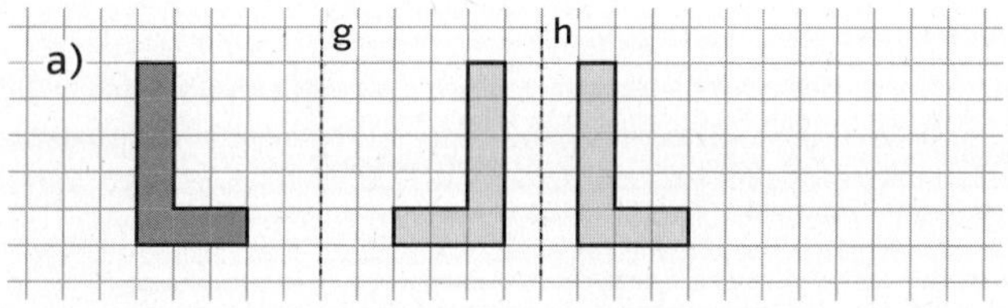

b) Das Endbild hat dieselbe Lage wie das Ausgangsbild. Die Bilder liegen nicht spiegelbildlich zueinander. Das Endbild kann nicht durch eine einzige Spiegelung aus dem Anfangsbild erzeugt werden.

6 a), b)

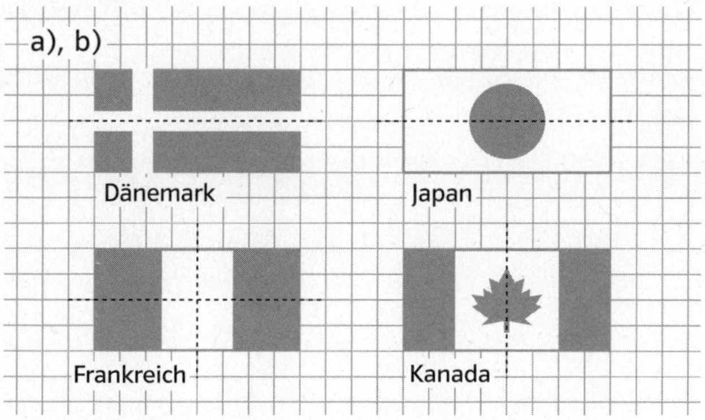

Alle Flaggen besitzen eine Symmetrieachse. Die Flagge Japans ist auch punktsymmetrisch.
c) Aufgrund ihrer Symmetrie sind folgende Flaggen interessant:

Argentinien	Bangladesch
Deutschland	Finnland
Großbritannien	Guatemala
Gugana	Honduras
Iran	Irak
Jamaika	Kenia
Laos	Libyen
Österreich	u.s.w.

Seite 70

7

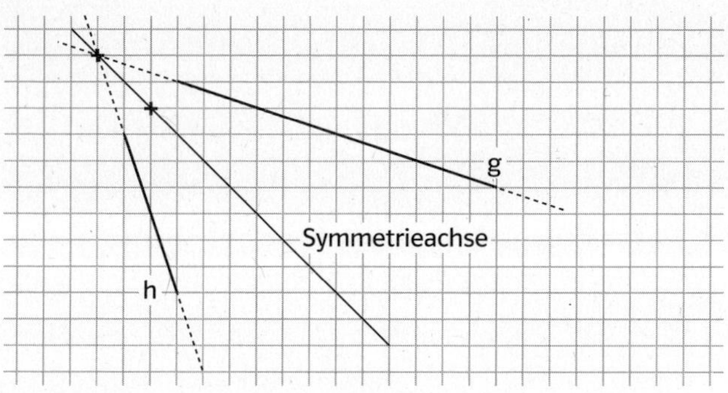

8 a) Die beiden Uhren zeigen dieselbe Zeit. Der Unterschied beträgt 0 Minuten.

b) 10.30 und 13.30 | 8.05 und 3.55
6.00 und 6.00 | 5.45 und 6.15
9.10 und 2.50 | 12.00 und 24.00

9

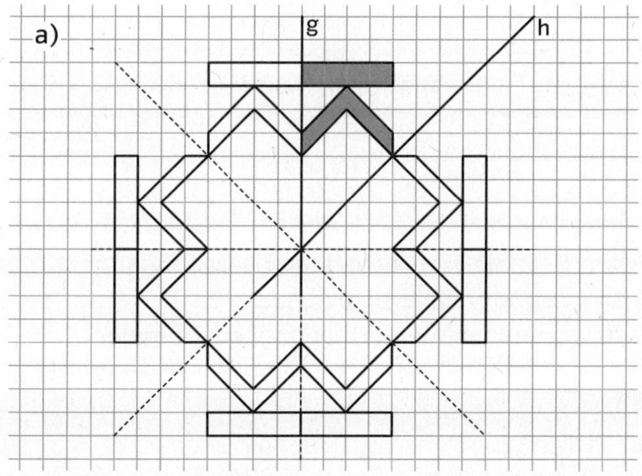

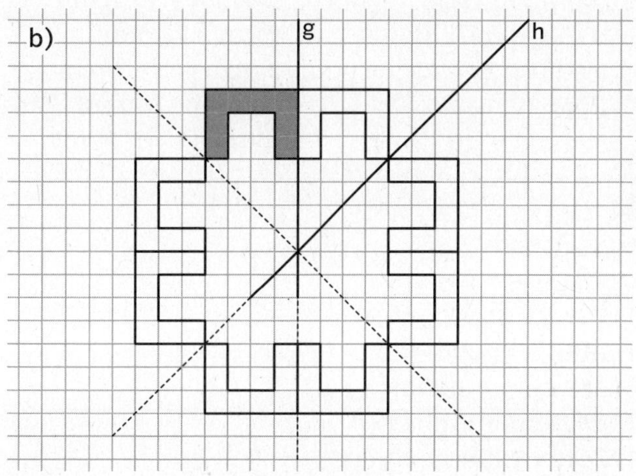

10 a), b) achsensymmetrisch für die ersten beiden Takte; punktsymmetrisch für die nächsten beiden Takte

11 a) Es gibt drei Möglichkeiten, die Punkte, A, B, C zu einem Parallelogramm zu ergänzen: $D_1(10|12)$; $D_2(0|10)$; $D_3(2|0)$.

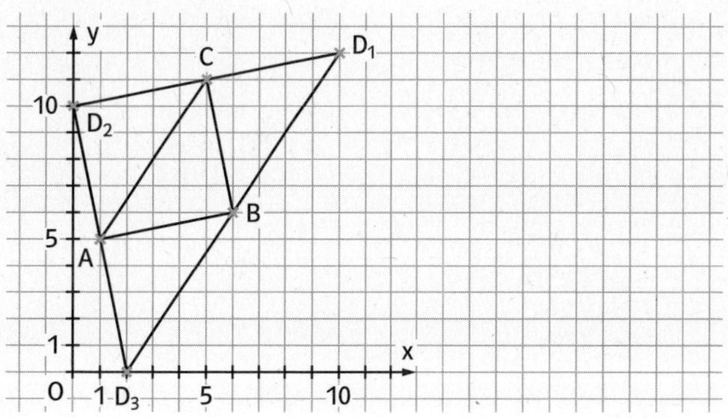

b) Es gibt eine Möglichkeit, ein Quadrat zu erhalten, und zwar mit $D_2(0|10)$.

12 B(5|1); D(3|7)

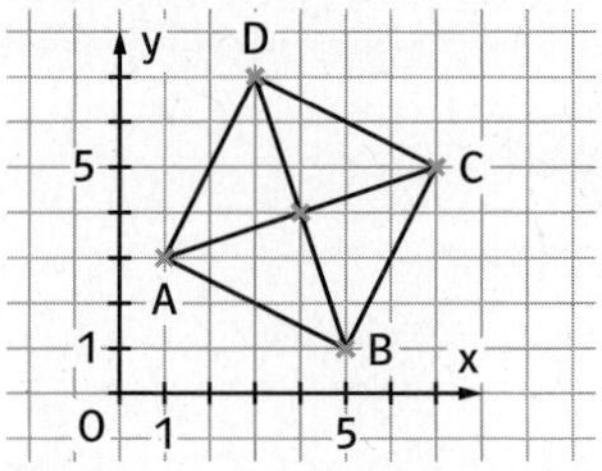

Man nutzt die Eigenschaften des Quadrats.
- Diagonalen halbieren einander.
- Diagonalen stehen orthogonal aufeinander.

13

a) 61 m
92 mm = 9,2 cm
5172 g = 5,172 kg

b) 56 g
293 mm = 29,3 cm
79 cm = 7,9 dm

c) 1978 g = 1,978 kg
27 min
190 min = 3 h 10 min

d) 194 cm = 1 m 94 cm
312 mm = 31,2 cm
260 min = 4 h 20 min

14 a) 134,32 € ≈ 130 €
14,50 € ≈ 10 €
435,40 € ≈ 440 €
104,99 € ≈ 100 €
1298,50 € ≈ 1300 €
b) 183,4 dm ≈ 183 dm
12 dm 7 cm ≈ 13 dm
136 cm = 13,6 dm ≈ 14 dm
14 563 mm = 145,63 dm ≈ 146 dm
2 m 6 cm = 20,6 dm ≈ 21 dm

III Rechnen

1 Schriftliches Addieren

Seite 81

1 a) 367 b) 2939
c) 91 066 d) 2448
e) 678 989

2 a) 7392; 117 603 b) 17 467; 103 252
c) 301 606 d) 119 956
e) 1 671 026 633

3 a) 37 850; 83 107
b) 2 661 949; 69 103
c) 999 036; 812 223

4 a)

$$\begin{array}{ccccccc} 999 & + & 888 & + & 777 & = & 2664 \\ + & & + & & + & & + \\ 666 & + & 555 & + & 444 & = & 1665 \\ + & & + & & + & & + \\ 333 & + & 222 & + & 111 & = & 666 \\ \hline 1998 & + & 1665 & + & 1332 & = & 4995 \end{array}$$

b)

$$\begin{array}{ccccccc} 612 & + & 589 & + & 878 & = & 2079 \\ + & & + & & + & & + \\ 1286 & + & 2463 & + & 1619 & = & 5368 \\ + & & + & & + & & + \\ 637 & + & 842 & + & 2185 & = & 3664 \\ \hline 2535 & + & 3894 & + & 4682 & = & 11111 \end{array}$$

c)

8221
5360 | 2861
3784 | 1576 | 1285
2513 | 1271 | 305 | 980

5 a) 706 + 83 + 1101 = 1890
b) 4060 + 2 100 074 + 838 505 = 2 942 639
c) 603 + 6 001 089 + 327 983 = 6 329 675

6 a) 9 876 543 210 + 900 000 000 = 10 776 543 210
b) 999 999 999 + 10 = 1 000 000 009
Bei beiden Rechnungen reicht die Anzahl der Ziffern, die der Taschenrechner darstellt, nicht mehr aus. Dann werden die Ergebnisse in wissenschaftlicher Darstellung, 10er-Potenzen, angegeben.

7 a) 343 kg; 11 050 g = 11 kg 50 g;
11 225 g = 11 kg 225 g
b) 38 167 €; 8617 ct = 86 € 17 ct;
61 954 ct = 619 € 54 ct
c) 1678 km; 264 260 m = 264 km 260 m;
10 681 m = 10 km 681 m

Seite 82

8 Fahrtzeiten in Minuten:
29 + 10 + 8 + 11 + 11 + 22 + 18 + 33 + 50 + 40 + 58 = 290
290 min = 4 h 50 min
Wartezeiten in Minuten:
5 + 2 + 2 + 2 + 2 + 5 + 2 + 2 + 2 + 2 = 26; 26 min

9 123 km + 12 968 km + 507 km + 172 km + 3 km = 13 773 km

10 217 km + 264 km + 165 km + 164 km + 154 km = 964 km

11 a) 806 Seiten und 2 Buchdeckel
b) 1931 Seiten und 10 Buchdeckel
c) 713 Seiten und 4 Buchdeckel

2 Schriftliches Subtrahieren

Seite 83

1 a) 142; 2143 b) 421; 3201
c) 532; 543 d) 120; 4766
e) 934; 7082

Marginalie: 13212 – 12111 = 1101

Seite 84

2 a) 248; 966; 999; 307 158
b) 1769; 12 178; 42 030; 43 039

3 a) 12 345; 10 101; 272 727
b) 456 789; 575 757; 90 909

4 a) 2183; 10 655
b) 35 788; 204 615
c) 94 229; 645 558

5 a) $453 \xrightarrow{-89} 364 \xrightarrow{-89} 275 \xrightarrow{-89} 186 \xrightarrow{-89} 97 \xrightarrow{-89} 8$
b) $1456 \xrightarrow{-213} 1243 \xrightarrow{-213} 1030 \xrightarrow{-213} 817 \xrightarrow{-213} 604 \xrightarrow{-213} 391 \xrightarrow{-213} 178$

6
a) 46 652 b) 9054 c) 131 884

7 946 – 720 = 226
593 – 272 = 321

8 Montag – Mittwoch: 11 h
Donnerstag und Freitag: 12 h
Samstag und Sonntag: 8 h
In der Woche: 3 · 11 h + 2 · 12 h + 2 · 8 h = 73 h

9 a) 75 913; 999 075 913
b) 99 999 – 4359 = 95 640
c) 61 111 – 10 009 = 51 102

10 a) 7308 – 4099 = 3209
b) 6003 – 5148 = 855
c) 376 299 703 411 – 263 086 400 301 = 113 213 303 110

11 a)

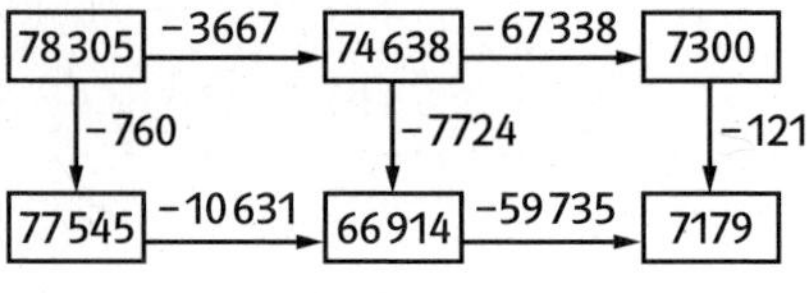

b)

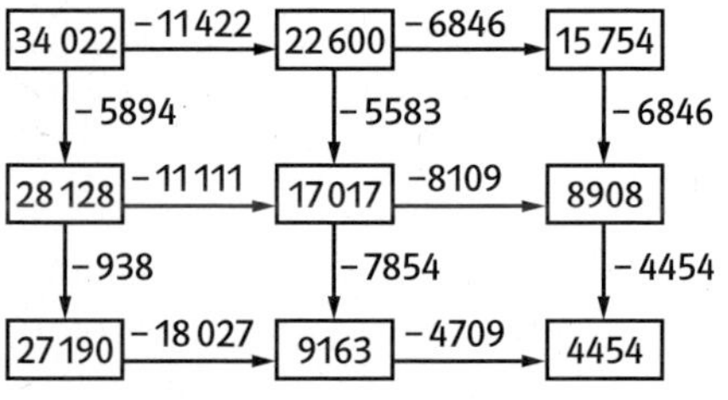

Seite 85

12 a) 3699 kg; 1357 g = 1 kg 357 g;
1526 kg = 1 t 526 kg
b) 4876 €; 4 € 46 ct; 7699 ct = 76 € 99 ct
c) 20 658 km; 4399 m = 4 km 399 m;
2 898 180 m = 2898 km 180 m

13 2. Anhänger: 4064 kg; 3. Anhänger: 5681 kg;
4. Anhänger: 7771 kg

14 Auto: 490 kg Kleinbus: 978 kg
Linienbus: 6664 kg Kleinlaster: 3966 kg
Segelflugzeug: 216 kg Tankwagen: 24 t
Jumbojet: 59 t Mondrakete: 6 t

15 a) 3 t 500 kg
b) 1. Gondel: 2 t + 1300 kg + 2 · 80 kg = 3 t 460 kg
2. Gondel: 1800 kg + 1550 kg = 3350 kg
= 3 t 350 kg
Dann fehlen noch 2 Monteure. Also geht es nicht.

16 Aus dem ersten und letzten Schild folgt aus den Angaben für Freiburg, dass der Abstand der Schilder 274 km – 143 km = 131 km sein muss.
Aus dem zweiten und letzten Schild folgt aus den Angaben für Offenburg, dass der Abstand der Schilder 170 km – 79 km = 91 km sein muss.
Damit folgt, dass der Abstand des ersten und zweiten Schildes 131 km – 91 km = 40 km sein muss.
Daraus ergibt sich insgesamt:

Freiburg	274 km
Offenburg	210 km
Karlsruhe	144 km
Mannheim	78 km

Freiburg	234 km
Offenburg	170 km
Karlsruhe	104 km
Mannheim	38 km

Freiburg	143 km
Offenburg	79 km
Karlsruhe	13 km
Mannheim	53 km

3 Schriftliches Multiplizieren

Seite 87

1 a) 180; 1155; 5284 b) 264; 770; 9657
c) 651; 4932; 25 760 d) 468; 2247; 27 118

2 a) 667; 1704; 170 400; 941 109
b) 714; 71 400; 585 864; 830 679
c) 6566; 91 872; 9 187 200; 995 190
d) 5916; 591 600; 434 304; 1 040 910

3 a) 200 · 70 = 14 000 → 14 235;
500 · 2000 = 1 000 000 → 1 054 025
b) 50 · 3000 = 150 000 → 166 140;
1000 · 5000 = 5 000 000 → 5 217 777
c) 90 · 2000 = 180 000 → 218 868;
5000 · 40 000 = 200 000 000 → 223 585 570

4 a) 20 009 565 000; 2 041 145 030 707
b) 28 041 162 105; 28 832 151 694
c) 61 141 535 154; 273 887 622 741

5 a)

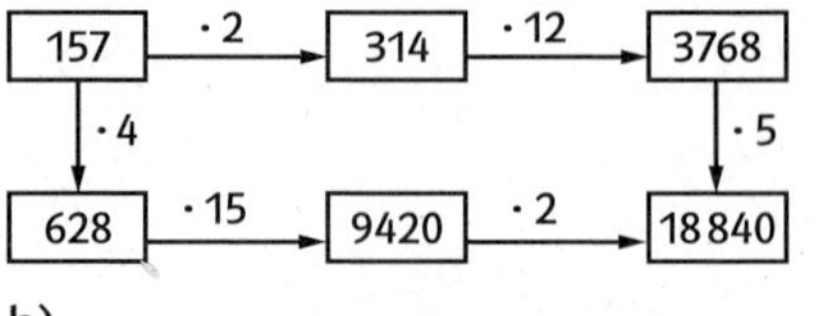

b)

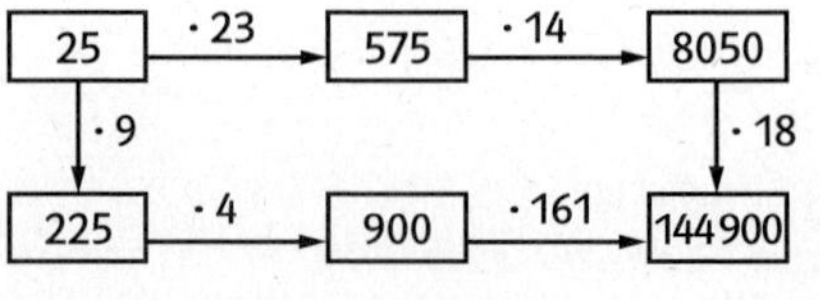

Seite 88

6 a) 522 836　　b) 530 091
c) 529　　d) 22 · 24 = 528

7 a) 16 · 60 · 24 = 23 040 pro Tag;
23 040 · 31 = 714 240 im Monat
b) 70 · 60 · 24 · 365 = 36 792 000

8 a) 3672 · 24 = 88 128; 88 128 km
b) 27 Tage 8 Stunden = 656 Stunden;
656 · 3672 = 2 408 832; 2 408 832 km

9 a) In einer Stunde: 60 · 1788 = 107 280;
107 280 km
An einem Tag: 24 · 107 280 = 2 574 720; 2 574 720 km
b)

	Mond	Erde
pro Stunde	3672 km	107 280 km
pro Tag	88 128 km	2 574 720 km

4 Schriftliches Dividieren

Seite 90

1 a) 52; 171　　b) 74; 686
c) 46; 330　　d) 21; 521
e) 21; 571

2 a) 3000 : 20 = 150; 121
8000 : 20 = 400; 351　　50 000 : 100 = 500; 537
b) 2100 : 30 = 70; 69　　7000 : 70 = 100; 123
30 000 : 40 = 750; 807
c) 4000 : 50 = 80; 89　　4000 : 40 = 100; 93
30 000 : 40 = 750; 698
d) 5000 : 60 ≈ 83; 91　　4000 : 100 = 40; 45
50000 : 50 = 1000; 907
INLINESKATER

3
a) 64; 13　　b) 51; 213 564　　c) 9; 67

4 a) 240 : 10 = 24; 22 Rest 1
40 000 : 50 = 8000; 752 Rest 36
b) 800 : 20 = 40; 42 Rest 17
90 000 : 40 = 2250; 2431 Rest 5
c) 2100 : 70 = 30; 32 Rest 30
75 000 : 30 = 2500; 2803 Rest 8
d) 3000 : 30 = 100; 101 Rest 10
60 000 : 50 = 1200; 1172 Rest 32

5 a) 14 Rest 3; 83 Rest 1; 23 Rest 15
b) 16 Rest 5; 44 Rest 26; 14 Rest 392
c) 28 Rest 9; 59 Rest 11; 13 Rest 81
d) 10 Rest 12; 117 Rest 49; 11 Rest 436
MOUNTAINBIKE

6 a) □ = 8; △ = 1; □ = 6; △ = 1
b) □ = 14; △ = 7; □ = 30; △ = 4
c) □ = 114; △ = 2; □ = 14; △ = 2

7 a) 3　　b) 2 oder 7
c) 4 oder 9　　d) 1

8
a) 84　　b) 69　　c) 14

Seite 91

9 a)

```
 8235 : 27 = 305
-81
  13
  -0   ← 27 ist nullmal in 13 enthalten
  135
 -135
    0
```

b)

```
 8235 : 27 = 305
-81
  13
  -0
  135
 -135
    0  ← 27 ist fünfmal in 135 enthalten
```

10 Sauerstoffverbrauch des Flugzeugs in einer Stunde: 60 · 600 = 36 000; 36 000 kg
Anzahl der benötigten Buchen: 36 000 : 2 = 18 000

11 Man braucht für eine Kiste:
1 Boden
4 Dreikantlatten zu je 25 cm, also 1 m Dreikantlatte
4 Holzlatten à 60 cm und 4 Holzlatten à 40 cm, insgesamt also 4 m Holzlatte
Die Böden reichen für 75 Kisten, die Dreikantlatten für 72 Kisten und die Holzlatten für 71 Kisten. Also lassen sich höchstens 71 Kisten herstellen.

12 a) 1000 Tage entsprechen etwa 2 Jahren und 270 Tagen, also etwa 2 Jahren und 9 Monaten. Zu diesem Zeitpunkt kann man in der Regel schon laufen.
b) 1000 Wochen entsprechen etwa 19 Jahren und 12 Wochen, also 19 Jahren und 3 Monaten. So alt sollten Fünftklässler nicht sein.
c) 1000 Monate entsprechen 83 Jahren und 4 Monaten.

13 In jeder Schicht befinden sich 30 Eier, es gibt 23 Schichten, damit 690 Eier.
a) 690 : 6 = 115. Es gibt 115 Sechserpackungen.
b) 690 : 12 = 57 Rest 6. Es gibt 57 Zwölferpackungen. Es bleiben 6 Eier übrig.
c) 690 − 63 · 6 = 312. Der Rest geht in 31 Zehnerpackungen. Es bleiben 2 Eier übrig.

5 Bruchteile von Größen

Seite 93

1 a) 500 m; 2500 m b) 250 m; 3250 m
c) 1250 m; 1750 m d) 750 m; 4500 m

2 a) 500 g b) 250 g
c) 1250 g d) 1500 g

3 a) 30 min; 105 min b) 75 min; 315 min
c) 45 min; 90 min d) 150 min; 255 min

4 a) $\frac{1}{4}$ kg; $\frac{3}{4}$ kg; $\frac{1}{2}$ kg
b) $1\frac{1}{2}$ kg; $2\frac{1}{4}$ kg; $1\frac{1}{4}$ kg
c) $\frac{1}{4}$ g; $5\frac{3}{4}$ g; $\frac{1}{2}$ g
d) $\frac{1}{4}$ h; $1\frac{1}{4}$ h; $2\frac{1}{4}$ h
e) $\frac{1}{2}$ d; $1\frac{1}{2}$ d; $2\frac{1}{2}$ d

5 a) 8.35 Uhr; 8.20 Uhr; 10.50 Uhr
b) 7.20 Uhr; 4.50 Uhr; 5.35 Uhr; 2.20 Uhr

6 Anika: 70 min + 30 min + 60 min + 15 min + 70 min = 245 min = 4 h 5 min
Janine: 60 min + 45 min + 30 min + 30 min + 45 min = 210 min = 3 h 30 min
Anika braucht länger für die Hausaufgaben.

7 a) 10 500 g = $10\frac{1}{2}$ kg b) 3 kg

8 a) 1,25 € + 1,10 € + 3,60 € = 5,95 €
b) $1\frac{1}{2}$ kg

9 Ja, denn die aufzunehmenden Sendungen dauern zusammen 125 min. Auf der Kassette ist noch Platz für 135 min.

Seite 94

10 Nein, denn zusammen erreicht sie nur eine Höhe von 244 cm.

11 18.18 Uhr

12 $1\frac{1}{2}$ m Länge entsprechen 750 Reihen. Somit braucht er 900 m Wollfaden.

13 Ja, denn zusammen benötigen die Lieder 39 min 51 s.

14 15750 m = $15\frac{3}{4}$ km

15 a) 30 cm; 20 cm; 3 mm
b) 600 km
c) 1 cm
d) 8 m
e) $\frac{1}{2}$ mm

16 a) 4 m b) 8 m
c) 500 dm d) 715 cm
e) 1308 cm f) 5009 m
g) 130 min h) 80 mm
i) 80 dm

6 Anwendungen

Seite 96

1 Es müssen insgesamt 57 Kinder befördert werden. Pro Fahrt können 12 + 9 = 21 Kinder mitfahren. Beide Fahrstühle müssen jeweils mindestens dreimal fahren.
Wenn nur der größere Fahrstuhl benutzt wird, kommt man mit fünf Fahrten aus.

2

	Preis	Anzahl	Gesamtpreis
Menü I	7,50	5	37,50
Menü II	8	17	136
Menü III	8,50	4	34
Cola	1,50	8	12
Wasser	1,20	15	18
Fruchtsaft	2	12	24

Insgesamt sind 261,50 € zu zahlen.

3

	Zeitdauer für 1-mal Föhnen	Anzahl pro Jahr	Gesamtzeit
Frau Meier	15 min	3 · 52	2340 min
Tochter	20 min	365 : 5	1460 min
Sohn	10 min	20 · 12	2400 min

Insgesamt föhnt sich Familie Meier pro Jahr 6200 Minuten die Haare.
Die Kosten dafür betragen: 620 · 2 ct = 12 € 40 ct

4 individuelle Lösungen

5 individuelle Lösungen

Seite 97

6 a) Gewicht einer Latte: 1,5 kg
Gewicht der 5000 Zaunlatten:
$5000 \cdot 1{,}5\,kg = 7500\,kg = 7\frac{1}{2}\,t$
Ladung pro Fahrt: 3 t
Er muss mindestens dreimal fahren.
b) Der Handwerker verarbeitet 20 Latten in der Stunde. Für 500 Latten benötigt er etwa:
500 : 20 = 25 Stunden.
c) Der gesamte Zaun kostet:
5 · 150 € + 25 · 32,50 € = 750 € + 812,50 € = 1562,50 €

7 a) In jeder Stunde schlägt die Uhr 10-mal. Am Tag (24 h) also 240-mal.
b) In einem Monat (31 Tage): 7440-mal
c) In einem Jahr (365 Tage): 87 600-mal
d) Anzahl der ganzen Tage (Montag bis Samstag): 6
Anzahl der zusätzlichen Stunden: 12
Innerhalb der 12 Minuten schlägt die Uhr nicht.
Insgesamt also: 6 · 240 + 12 · 10 = 1560

8 Beine der 27 Spinnen: 8 · 27 = 216
Beine der 206 Fliegen: 206 · 6 = 1236
Beine der 6 Frösche: 6 · 4 = 24
Anzahl der Bienen: 1476 : 6 = 246

9

	Anzahl der Plätze	Preis pro Platz in €	Einnahmen
Reihe 1–10	300	4	1200
Reihe 11–15	150	5	750
Reihe 16–20	150	5,50	825
Reihe 21–25	150	7	1050
Summe	750		3825

Preis pro Platz: 3825 € : 750 = 5,10 €

10

	Entfernung in km
Molkerei → A	12
A → B	16
B → C	4
C → D	7
D → E	2
E → Molkerei	20

gesamte Fahrtstrecke: 61 km

11 Anzahl der Personen im alten Gebäude:
Erdgeschoss: 7 · 3 = 21
1. Obergeschoss: 3 · 4 + 6 · 5 + 5 · 6 = 72
2. Obergeschoss: 15 · 2 = 30
3. Obergeschoss: 4
Gesamtanzahl: 127
Anzahl der neuen Büros:
(127 – 4) : 3 = 123 : 3 = 41
Damit erhält man für Anzahl der Büros: 4 + 41 = 45

Seite 98

12 a) Vorverkauf: 134 Karten à 20 €: 2680 €
134 Karten à 25 €: 3350 €
134 Karten à 30 €: 4020 €
Insgesamt: 10 050 €
b) Die Preise der einzelnen Karten.
c) Vorverkauf: 402
Abendkasse: 122 + 244 + 244 = 610
Zurückgegebene Karten: 27
Insgesamt verkaufte Karten: 985
Nicht besetzte Plätze: 1200 – 985 = 215
d) Welcher Kategorie die zurückgegebenen Karten angehören.
Abendkasse: 122 à 29 € = 3538 €
244 à 24 € = 5856 €
244 à 19 € = 4636 €
Insgesamt: 14 030 €
Um die genauen Gesamteinnahmen zu berechnen, muss man wissen, wie teuer die zurückgegebenen Karten waren. Annahme: 27 Karten á 30 €.
Vorverkauf: 10 050 € – 27 · 30 € = 9240 €
Summe: 23 270 €

13 a)

	bergauf	bergab
Waldhütte (780 m) → 977 m	20 m, 50 m, 50 m, 50 m, 27 m	
977 m → Weißenstein (982 m)		27 m, 50 m, 50 m
	50 m, 50 m, 32 m	
Summe	329 m	127 m

b) 456 m bergauf; 456 m bergab

14 a) 1. Schritt: Fass 1: 120 – (120 : 2) = 60
Fass 2: 40 + (120 : 2) = 100
2. Schritt: Fass 1: 60 + (100 : 2) = 110
Fass 2: 100 – (100 : 2) = 50
3. Schritt: Fass 1: 110 – (110 : 2) = 55
Fass 2: 50 + (110 : 2) = 105

	Fass 1	Fass 2
	120 l	40 l
1. Schritt	60 l	100 l
2. Schritt	110 l	50 l
3. Schritt	55 l	105 l

b) Fass 1: 55 Liter
Fass 2: 105 Liter

c) Fass 1: 45 Liter Wasser und 10 Liter Saft
Fass 2: 75 Liter Wasser und 30 Liter Saft

15 a) individuelle Lösungen
b) individuelle Lösungen

16 a) 6,5 m b) 8,2 kg
c) 1,1 t d) 3,9 km
e) 8,2 cm f) 501 mm
g) 7,519 t h) 43,6 cm

7 Rechnen mit Hilfsmitteln

Seite 100

1 individuelle Lösung

2 a) $45785 \cdot 1 = 45785$
b) $35 + 9 = 44$
c) $222222 + 555555 = 777777$ $(2 + 5 = 7)$
d) $137 \cdot 28 - 2 \cdot 14 \cdot 137 = 28 \cdot 137 - 28 \cdot 137 = 0$
e) $4560 : 10 = 456$
f) $88888 : 4 = 22222$ $(8 : 4 = 2)$

3 a) $(417 + 321 - 12) \cdot (20 - 20) = 0$ (kein Hilfsmittel)
b) $11567309413 + 56000 = 11567365413$ (kein Hilfsmittel)
c) 1200000000 (kein Hilfsmittel)

4 a) Die Behauptung ist falsch.
Auch ohne Hilfsmittel kann man entscheiden, dass 1,5 l pro Einwohner viel zu wenig ist.
b) In der Rechnung ist ein Fehler. Das Öl müsste 44,28 € kosten. Dies kann man mit Papier und Bleistift nachrechnen.
c) Mit der Rechnung $60 : 7{,}5 = 8$ erhält man ohne Hilfsmittel, dass der Tankinhalt für 800 km reicht.

5 Elsa muss $2 \cdot 1{,}90\,€ + 2{,}30\,€ = 6{,}10\,€$ bezahlen.
Sie wird wahrscheinlich auf 6,50 € aufrunden und sich 13,50 € herausgeben lassen.

6 1. Angebot: $63{,}00\,€ + 2 \cdot 70 \cdot 0{,}50\,€ = 133{,}00\,€$
2. Angebot: 110,00 €
Sie wird sich für das 2. Angebot entscheiden.

7

Zahl	Vorgänger	Nachfolger	Produkt	Abstand zu 614 040
83	82	84	571 704	42 336
84	83	85	592 620	21 420
85	84	86	614 040	0
86	85	87	635 970	21 930
87	86	88	658 416	44 376

Die gesuchte Zahl ist 85.

8 Mia hat nicht Recht. Es gibt Gegenbeispiele:
$2 \cdot 2 = 4$; $13 \cdot 13 = 169$

9 a) 356,50 € b) 148,54 €

IV Flächen

1 Welche Fläche ist größer?

Seite 107

1 Gesamtzahl der Zellen: 30; Gefüllte Zellen: 14
Es ist also weniger als die halbe Wabe mit Honig gefüllt.

2 a) Beispiele

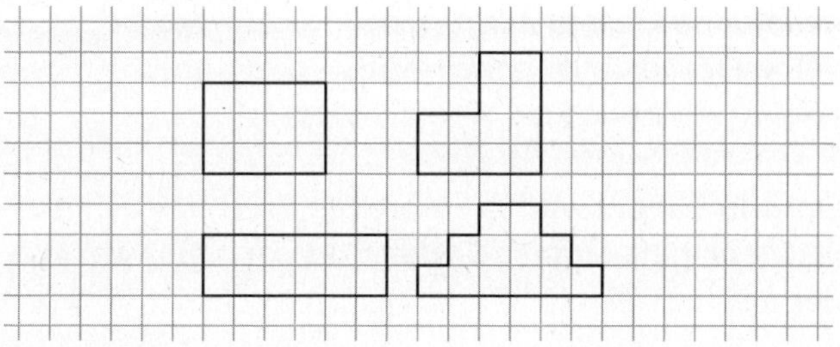

b) Beispiel

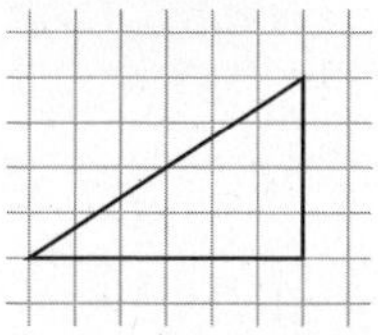

3 a) individuelle Lösungen
b) 1. Figur: 30 Kästchengrößen; 2. Figur: 28 Kästchengrößen; 3. Figur: 20 Kästchengrößen
c) Beispiele:

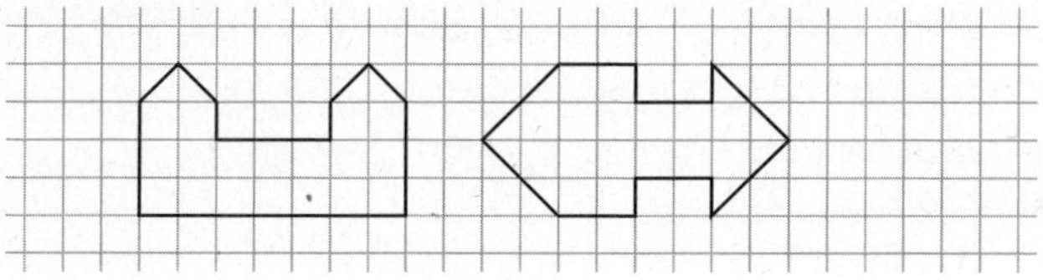

Seite 108

4 Beispiele

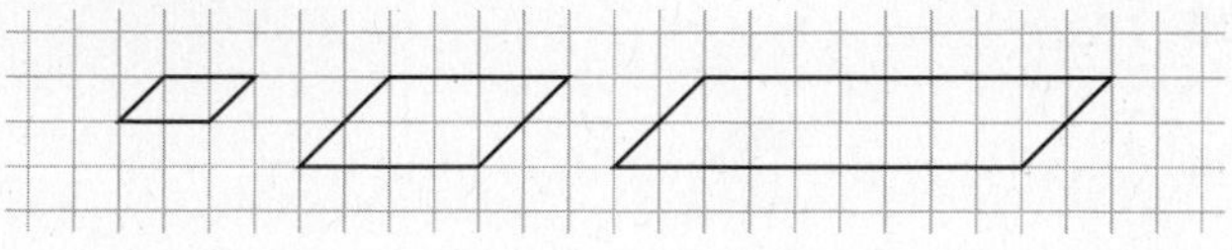

5 Beispiele

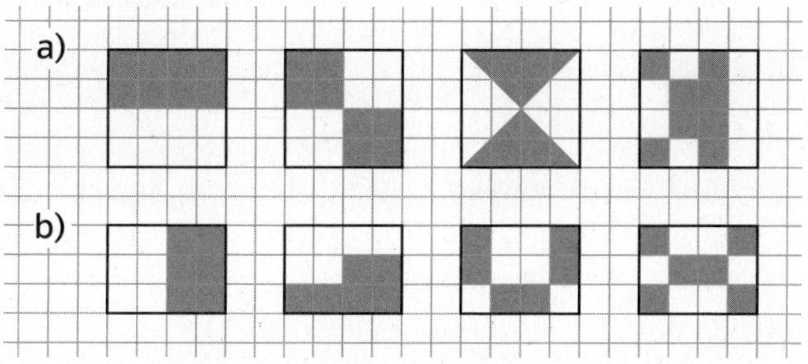

6 a) Alle Dreiecke haben den Flächeninhalt 8 Kästchengrößen (wie das Rechteck).

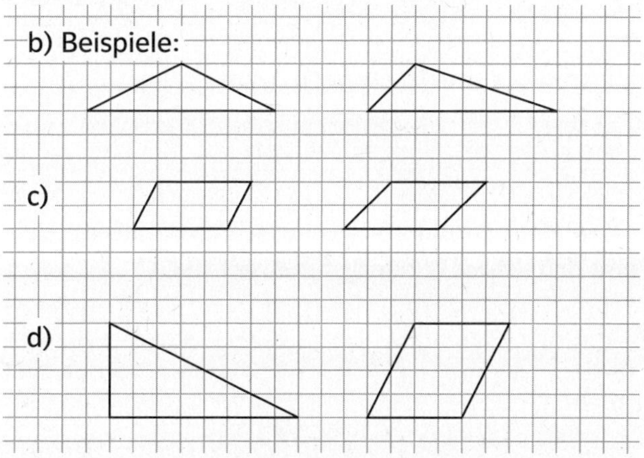

7

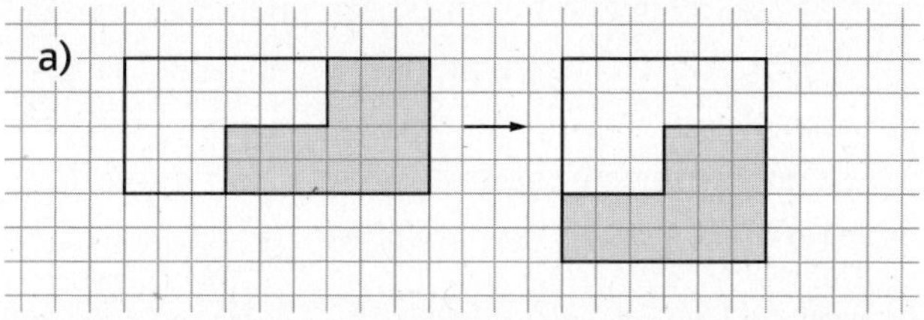

b) Das Rechteck hat den Flächeninhalt 144 Kästchengrößen. Das Quadrat hat also die Seitenlänge 12 Kästchenlängen.

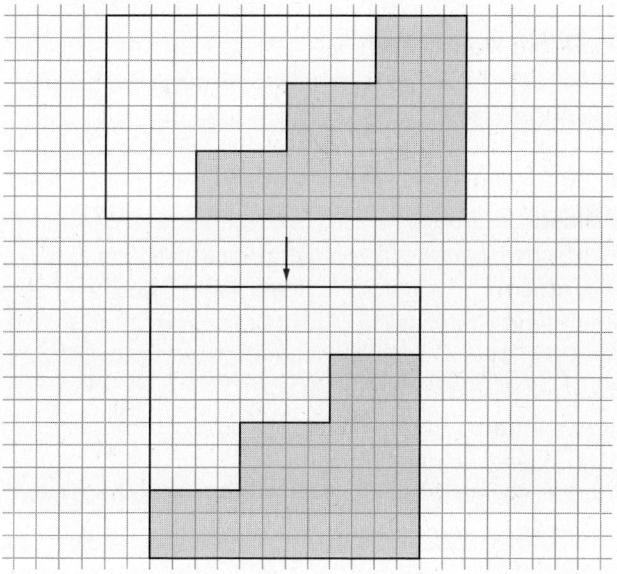

c) Beispiel:

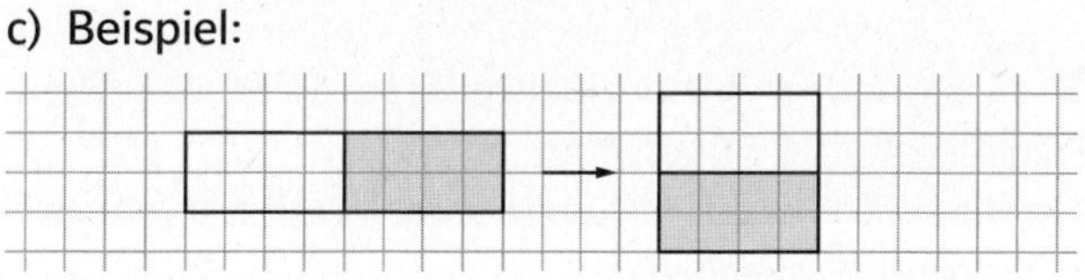

Es geht besonders einfach bei allen Rechtecken, die viermal so lang wie breit sind. Diese müssen einfach in zwei halb so lange Rechtecke zerlegt werden.

d) Es geht sicher nicht bei Rechtecken, deren Flächeninhalt keine Quadratzahl ist.

8

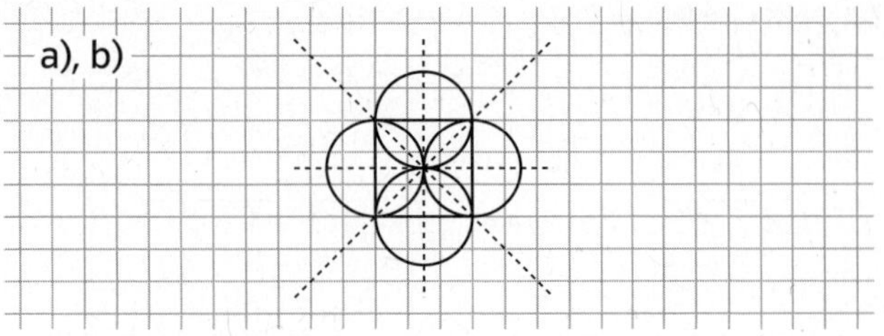

c) Die Figur ist punktsymmetrisch. Symmetriezentrum: Schnittpunkt der Symmetrieachsen

9

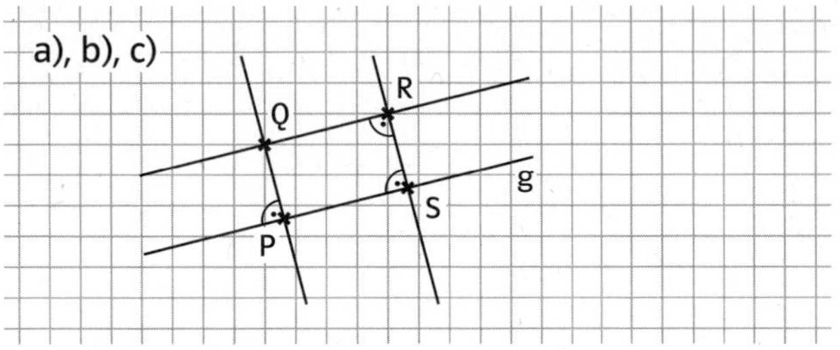

c) Zeichne eine orthogonale Gerade zu g durch R. Sie schneidet g im gesuchten Punkt S.

10 12 011 495
auf Hunderter gerundet: 12 011 500
auf Tausender gerundet: 12 011 000

2 Flächeneinheiten

Seite 110

1

Kinderzimmer: m^2	Fußballplatz: a
Waldstück: a oder ha	Schulgelände: m^2
Foto: cm^2	Teppich: m^2
Plakat: cm^2	Briefmarke: mm^2
Rheinland-Pfalz: km^2	Postkarte: cm^2

2 1 m^2: Fenster, Badetuch
1 cm^2: 4 Karos im Heft, kleine Münze
1 ha: Wiese, Schulgelände
1 a: kleines Schwimmbecken, großes Klassenzimmer
1 km^2: Flughafengelände, alle Äcker eines großen Bauernhofs

3 Ein Quadrat mit der Seitenlänge 1 Fuß hat den Flächeninhalt 1 Quadratfuß.
Ähnliche Einheiten: 1 Quadratelle, 1 Quadratschritt, 1 Quadratdaumenbreite

Seite 111

4

a) 600 dm^2	b) 1500 a	c) 8300 m^2
1300 mm^2	200 ha	8700 cm^2

5

a) 5 dm^2	b) 70 a	c) 12 ha
30 ha	128 km^2	120 ha

6 rosa Fläche: 25 mm^2
helllila Fläche: 1 cm^2 75 mm^2 = 175 mm^2
grüne Fläche: 5 cm^2 25 mm^2 = 525 mm^2
hellbraune Fläche: 2 cm^2 50 mm^2 = 250 mm^2
gelbe Fläche: 2 cm^2 = 200 mm^2

7 360 000 mm^2 = 36 dm^2
Ein 9 dm langes und 4 dm breites Brett hätte den Flächeninhalt 36 dm^2. Davids Brett ist also wohl größer als 360 000 mm^2.

8

a) 512 dm^2	b) 512 a	c) 1250 m^2	d) 50 040 cm^2
652 ha	606 ha	1205 m^2	20 005 m^2

9

a) 40 m^2	b) 396 cm^2	c) 420 a	d) 750 m^2
1723 dm^2	3960 cm^2	5 ha	600 dm^2
			= 6 m^2

10

a) 22 m^2 30 dm^2	b) 99 a
c) 3 m^2 10 cm^2	d) 21 m^2
e) 20 m^2 1 dm^2	f) 50 a

11

a) 99 a	b) 5 a
c) 92 a	d) 20 a
e) 75 a 60 m^2	f) 9999 m^2

12 Flächeninhalt des Gartens:
500 m^2 – 102 m^2 – 43 m^2 = 355 m^2

13 720 m^2

14 Oberfläche der Lunge: 100 000 000 mm^2 = 1 a

3 Flächeninhalt eines Rechtecks

Seite 113

1

a) 32 cm^2	b) 100 mm^2	c) 16 m^2	d) 160 ha
10 000 m^2	= 1 cm^2	36 m^2	220 mm^2
= 1 ha	75 ha		

2 1. Quadrat: $2 \cdot 2\,cm^2 = 4\,cm^2$
1. Rechteck: $60 \cdot 5\,mm^2 = 300\,mm^2 = 3\,cm^2$
2. Quadrat: $15 \cdot 15\,mm^2 = 225\,mm^2$
2. Rechteck: $1 \cdot 5\,cm^2 = 5\,cm^2$

3 a) 9 cm b) 20 cm
c) 25 mm d) 25 cm

4 Beispiele:

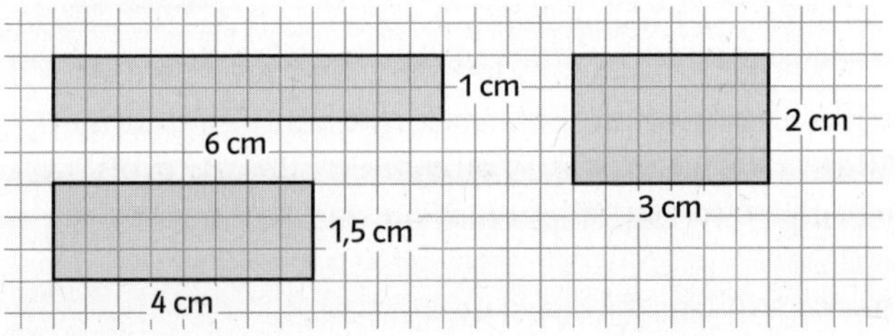

Seite 114

5 Der Ammersee hat ungefähr den Flächeninhalt eines Rechtecks mit den Seitenlängen 2 km und 8 km, also $16\,km^2$.

6

Länge	4 cm	5 cm	6 cm
Breite	25 cm	8 dm	12 cm
Flächeninhalt	$1\,dm^2$	$4\,dm^2$	$72\,cm^2$

Länge	25 m	200 m	2,5 km
Breite	40 m	150 m	8 km
Flächeninhalt	10 a	3 ha	$20\,km^2$

7 a) Fläche der Buchseite: $19 \cdot 26\,cm^2 = 494\,cm^2$
Die Bodenfläche eines Käfigs ist also etwas kleiner als die Buchseite.
b) Flächeninhalte:
Vierer-Käfig: $40 \cdot 45\,cm^2 = 1800\,cm^2 = 4 \cdot 450\,cm^2$
Fünfer-Käfig: $50 \cdot 45\,cm^2 = 2250\,cm^2 = 5 \cdot 450\,cm^2$
Sechser-Käfig: $60 \cdot 45\,cm^2 = 2700\,cm^2 = 6 \cdot 450\,cm^2$
Alle Käfige genügen gerade noch der Verordnung.
c) Kleinstmögliche Fläche für alle Hühner:
$44\,000\,000 \cdot 450\,cm^2 \approx 19\,800\,000\,000\,cm^2 \approx 2\,km^2$

8 a) Wohnzimmer: $58 \cdot 72\,dm^2 = 4176\,dm^2$
Arbeitszimmer: $5 \cdot 4\,m^2 = 20\,m^2 = 2000\,dm^2$
Diele: $28 \cdot 50\,dm^2 = 1400\,dm^2$
b) Wohnfläche: $7576\,dm^2$
c) Grundfläche des Hauses:
$12 \cdot 8\,m^2 = 96\,m^2 = 9600\,dm^2$. Sie ist größer als die Wohnfläche, da die Mauern mit berücksichtigt werden.

9 individuelle Lösung

10 1. Figur: $2 \cdot 4\,cm^2 + 1 \cdot 2\,cm^2 = 10\,cm^2$
2. Figur: $3 \cdot 3\,cm^2 - 2 \cdot 1\,cm^2 = 7\,cm^2$
3. Figur:
$25 \cdot 30\,mm^2 + 5 \cdot 5\,mm^2 - 10 \cdot 10\,mm^2 - 10 \cdot 10\,mm^2$
$= 575\,mm^2$

11 Flächeninhalt: $24 \cdot 6\,cm^2 = 144\,cm^2$
Das neue Rechteck hat die Breite (144 : 8 = 18) 18 cm. Da 144 eine Quadratzahl ist, gibt es ein Quadrat mit dem gleichen Flächeninhalt. Dieses Quadrat hat die Seitenlänge 12 cm.

Seite 115

12 a) Flächeninhalt: $8 \cdot 8\,cm^2 = 64\,cm^2$
b) Den Flächeninhalt eines Quadrats erhält man, indem man seine Seitenlänge mit sich selbst multipliziert. Hat das Quadrat die Seitenlänge a, so gilt für seinen Flächeninhalt A: $A = a \cdot a$ oder $A = a^2$.

13 Der Flächeninhalt
a) wird verdoppelt, b) wird halbiert,
c) wird vervierfacht, d) wird verdoppelt.

14 Ursprünglicher Flächeninhalt: $6 \cdot 4\,cm^2 = 24\,cm^2$
Neuer Flächeninhalt: $24\,cm^2 + 12\,cm^2 = 36\,cm^2$
1. Möglichkeit:
Neue Länge: (36 : 4) cm = 9 cm. Das Rechteck wurde um 3 cm verlängert.
2. Möglichkeit:
Neue Breite: (36 : 6) cm = 6 cm
Das Rechteck wurde um 2 cm verbreitert.

15 Fehmarn hat ungefähr den gleichen Flächeninhalt wie ein Rechteck mit den Seitenlängen 15 km und 12 km. Fehmarn ist also etwa $180\,km^2$ groß.

16 Frau Weizenkorn hat einen quadratischen Acker mit der Seitenlänge 200 m.
Fläche des Randstreifens:
$2 \cdot 200 \cdot 2\,m^2 + 2 \cdot 196 \cdot 2\,m^2 = 1584\,m^2$.
Frau Rübesam hat einen rechteckigen Acker mit den Seitenlängen 80 m und 500 m.
Fläche des Randstreifens:
$2 \cdot 500 \cdot 2\,m^2 + 2 \cdot 76 \cdot 2\,m^2 = 2304\,m^2$.

17

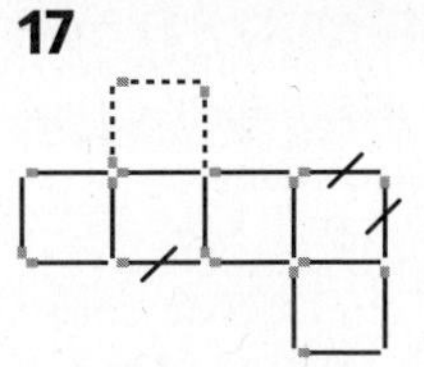

18 Es entstehen fünf kleine Quadrate und ein großes Quadrat.

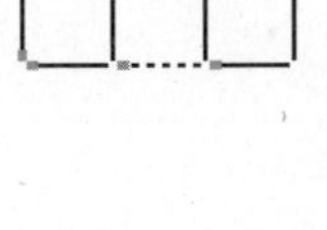

Kannst du das noch?

19
1 080 800: Eine Million achtzigtausendachthundert
108 800: Einhundertachttausendachthundert
1 800 008: Eine Million achthunderttausendundacht
10^6: Zehn hoch sechs bzw. eine Million
888 888: Achthundertachtundachtzigtausendachthundertachtundachtzig
1 008 888: Eine Million achttausendachthundertachtundachtzig
$108\,800 < 888\,888 < 10^6 < 1\,008\,888 < 1\,080\,800 < 1\,800\,008$

20 a) $2 \cdot 20 = 40$ b) $60 \cdot 3 = 180$
c) $10 \cdot 5 + 20 \cdot 12 = 290$ d) $100 \cdot 15 = 1500$
e) $32 + 48 + 20 = 100$ f) $2 \cdot 56 = 112$

21 a) 286 875   b) 2980   c) 8580

4 Flächeninhalte veranschaulichen

Seite 116

Die Buche hätte dann eine Blattoberfläche von ca. $61\,m^2$

1 individuelle Lösung

2 individuelle Lösung

Seite 117

3 offene Fragestellung

4 individuelle Lösung

5 Die Fläche, die der Bart bedeckt, ist etwa so groß wie zwei Handflächen, also $2\,dm^2$.
Fläche, die in einem Jahr rasiert wird:
$365 \cdot 2\,dm^2 = 730\,dm^2 \approx 7\,m^2$.
Flächeninhalt des Rasens: $15 \cdot 8\,m^2 = 120\,m^2$
Zeit bis Herr Barth $120\,m^2$ rasiert hat:
$\approx (120 : 7)$ Jahre ≈ 17 Jahre.
Wenn Herr Barth 34 Jahre alt sein wird, hat er eine Fläche rasiert, die so groß ist wie sein Rasen.

6 Gesamte Bürofläche:
$88 \cdot 2000\,m^2 = 176\,000\,m^2 \approx 180\,000\,m^2$
Mögliche Maße eines einstöckigen Gebäudes mit der Grundfläche $180\,000\,m^2$: $300\,m \cdot 600\,m$
Flächeninhalt eines Fußballfeldes:
$\approx 100 \cdot 60\,m^2 = 60\,a$
Gesamte Bürofläche: $\approx 1800\,a = 30 \cdot 60\,a$
Auf der Fläche des Gebäudes hätten also etwa 30 Fußballfelder Platz.

7 Der Ölteppich hat ungefähr den gleichen Flächeninhalt wie ein Rechteck mit den Seitenlängen 10 km und 50 km. Er ist also etwa $500\,km^2$ groß. Das ist ungefähr der Flächeninhalt des Bodensees.

8 Platzbedarf eines Schwimmers:
ca. $1{,}5 \cdot 2\,m^2 = 3\,m^2$
Platzbedarf von 2500 Schwimmern:
ca. $2500 \cdot 3\,m^2 = 7500\,m^2$
Flächeninhalt des Schwimmbeckens:
$50 \cdot 21\,m^2 = 1050\,m^2$
Das Becken ist also für 2500 Schwimmer viel zu klein.
Platzbedarf eines stehenden Menschen:
ca. $6 \cdot 3\,dm^2 \approx 20\,dm^2$
Platzbedarf von 2500 stehenden Menschen:
ca. $2500 \cdot 20\,dm^2 = 50\,000\,dm^2 = 500\,m^2$
Stehend würden also alle 2500 Besucher im Schwimmbecken Platz finden.

9 individuelle Lösung

10 individuelle Lösung
Messen: Flächeninhalt eines Blattes
Schätzen: Durchschnittliche Anzahl von Blättern einer Zeitung
Sich informieren: Ausgaben pro Jahr, mittlere Auflage, d.h. Anzahl der gedruckten Zeitungen pro Tag.

5 Flächeninhalt eines Parallelogramms und eines Dreiecks

Seite 119

1 a) $4 \cdot 5\,cm^2 = 20\,cm^2$
b) $28 \cdot 25\,mm^2 = 700\,mm^2 = 7\,cm^2$
c) $20 \cdot 4\,cm^2 = 80\,cm^2$

2 rosa: $20 \cdot 15\,mm^2 = 300\,mm^2 = 3\,cm^2$
blau: $60 \cdot 5\,mm^2 = 300\,mm^2 = 3\,cm^2$
dunkelgelb: $25 \cdot 5\,mm^2 = 125\,mm^2$
violett: $20 \cdot 15\,mm^2 = 300\,mm^2 = 3\,cm^2$
hellgelb: $20 \cdot 15\,mm^2 = 300\,mm^2 = 3\,cm^2$

Seite 120

3 a) $12\,cm^2$ b) $385\,mm^2$ c) $25\,dm^2$

4 rosa: $(24 \cdot 22) : 2\,mm^2 = 264\,mm^2$
blau: $(36 \cdot 13) : 2\,mm^2 = 234\,mm^2$
violett: $(52 \cdot 8) : 2\,mm^2 = 208\,mm^2$
gelb: $(23 \cdot 27) : 2\,mm^2 = 310{,}5\,mm^2$

5 Im Parallelogramm braucht man die Angaben 3,0 cm; 4,0 cm und 6,9 cm nicht.
Im Dreieck braucht man die Angaben 2,5 cm und 3,2 cm nicht.

6 rosa: $24 \cdot 16\,mm^2 = 384\,mm^2$
blau: $22 \cdot 20\,mm^2 = 440\,mm^2$
gelb: $(41 \cdot 25) : 2\,mm^2 = 512{,}5\,mm^2$
violett: $(26 \cdot 13) : 2\,mm^2 = 169\,mm^2$

7 a) $680\,m^2$ b) $280\,m^2$

Seite 121

8 Beispiele:

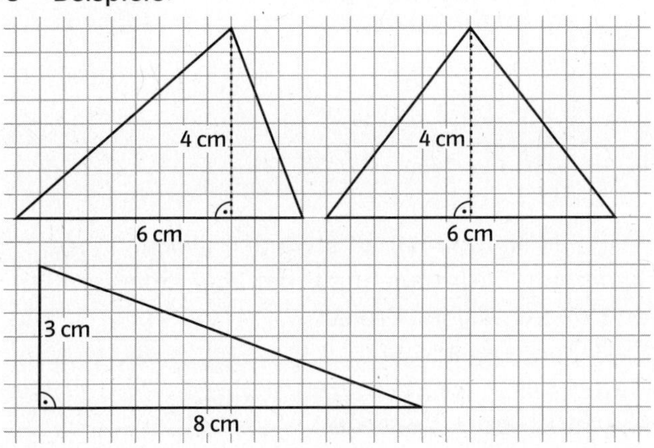

9

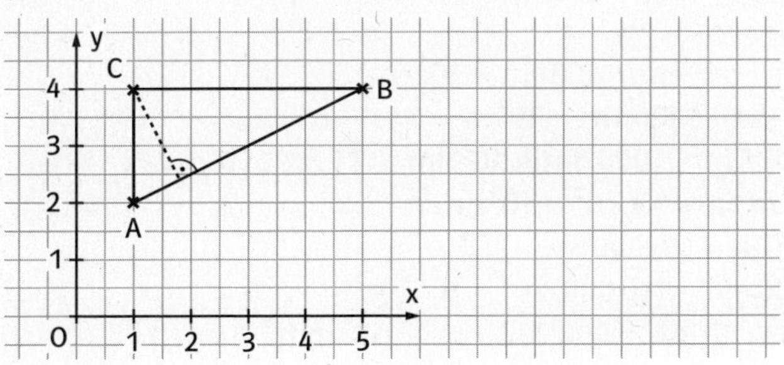

a) Grundseite: $\approx 45\,mm$; Höhe: $\approx 18\,mm$
Flächeninhalt: $\approx (45 \cdot 18) : 2\,mm^2 = 405\,mm^2$
b) Längen der beiden orthogonalen Seiten: 2 cm; 4 cm
Flächeninhalt: $(2 \cdot 4) : 2\,cm^2 = 4\,cm^2$

10 Höhe: $(72 : 12)\,cm = 6\,cm$

11

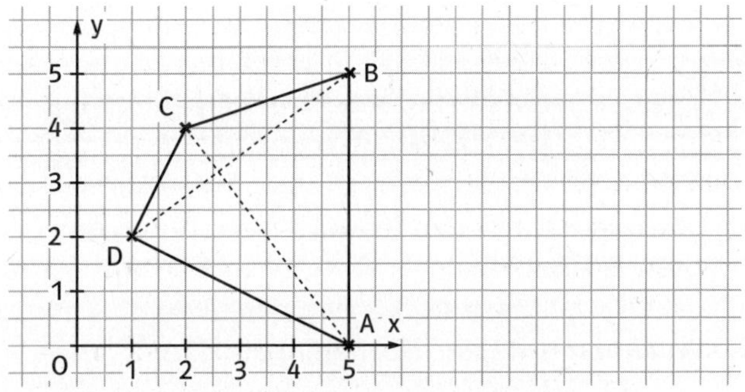

a) Zerlege in die Dreiecke ABC und ACD.
Flächeninhalt: $(50 \cdot 30) : 2\,mm^2 + (50 \cdot 20) : 2\,mm^2$
$= 750\,mm^2 + 500\,mm^2 = 1250\,mm^2$
b) Zerlege in die Dreiecke ABD und BCD.
Flächeninhalt: $(50 \cdot 10) : 2\,mm^2 + (50 \cdot 40) : 2\,mm^2$
$= 1250\,mm^2$

12 a) richtig b) richtig
c) falsch (z. B. Kreis)

13 $(7 \cdot 5)\,cm^2 - (4 \cdot 3) : 2\,cm^2 - (3 \cdot 2) : 2\,cm^2$
$- (4 \cdot 3) : 2\,cm^2 - (3 \cdot 2) : 2\,cm^2 = 17\,cm^2$

14 a) wird verdoppelt

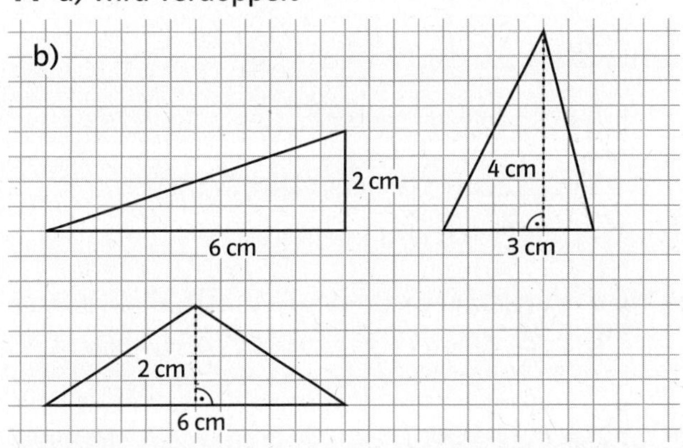

15 Spiel

6 Umfang einer Fläche

Seite 123

1 a) Alle drei Figuren haben den gleichen Umfang. Figur 1 hat den größten Flächeninhalt, Figur 2 den zweitgrößten und Figur 3 den kleinsten.
b) Beispiele:

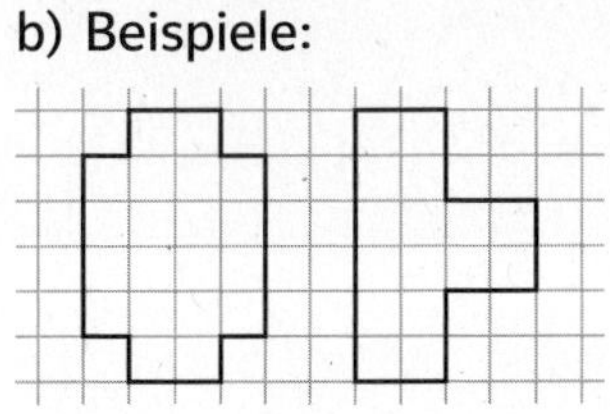

2 a) Beispiele:

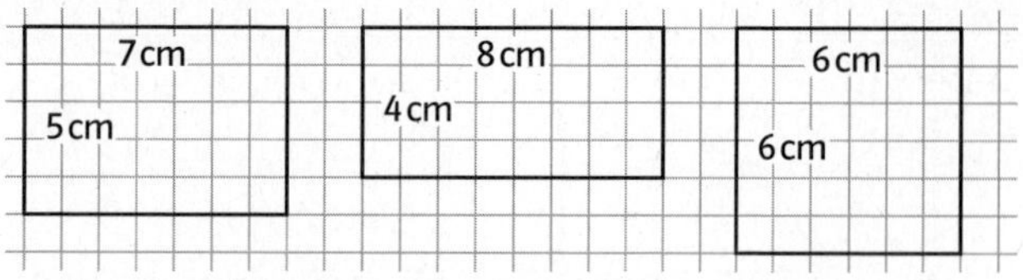

b) Das Quadrat mit der Seitenlänge 6 cm hat den größten Flächeninhalt.

3 a) Umfang: 12 cm; Flächeninhalt: 6 cm^2

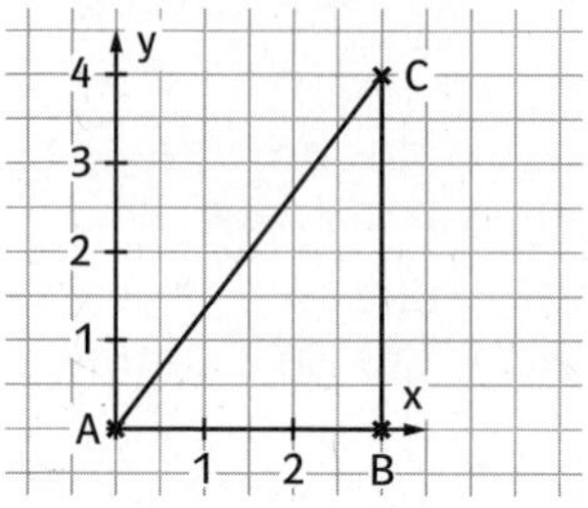

b) Umfang: ≈ 14,5 cm; Flächeninhalt: 10 cm^2

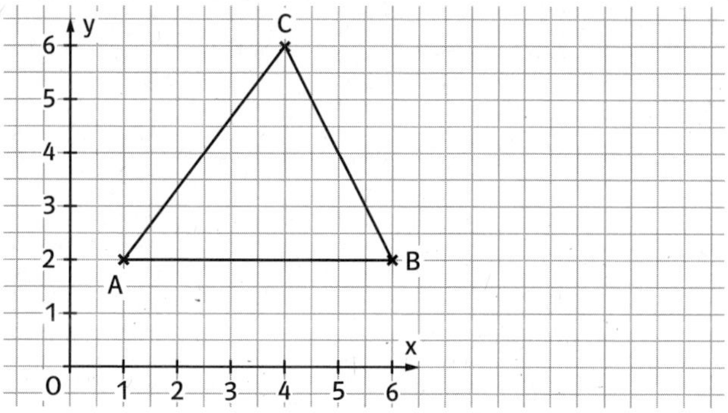

c) Umfang: 22 cm; Flächeninhalt: 24 cm^2

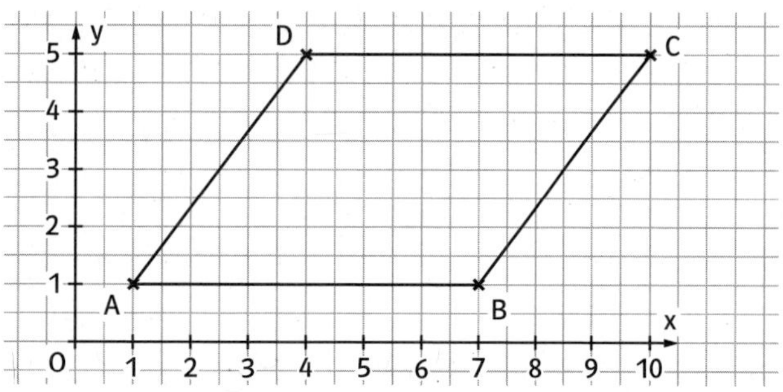

d) Umfang: ≈ 15,5 cm; Flächeninhalt: 240 mm^2

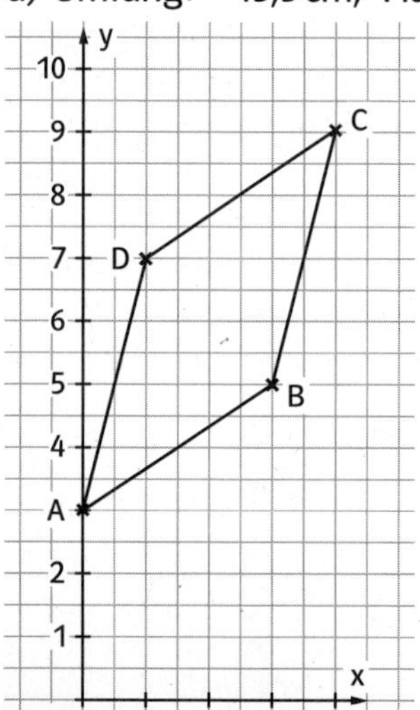

4 a) A = 120 mm^2; U = 86 mm
b) b = 10 cm; A = 300 cm^2
c) a = 40 m; U = 130 m

5 Beide Zimmer haben den gleichen Umfang, nämlich 18 m. Für beide Zimmer braucht man gleich viele Fußbodenleisten und gleich viele Tapeten, wenn die beiden Zimmer gleich hoch sind und die Fläche für Fenster und Türen gleich groß ist.
Der Flächeninhalt des ersten Zimmers beträgt 20 m^2, des zweiten Zimmers 18 m^2. Für das erste Zimmer braucht man daher mehr Teppichboden und mehr Farbe für die Decke.

6 a) Umfang: 4 · 3,5 cm = 14 cm
b) Man erhält den Umfang eines Quadrats, indem man seine Seitenlänge vervierfacht.
c) U = 4 · a

7 a) Der Umfang wird verdreifacht, der Flächeninhalt wird neunmal so groß.
b) Die Seitenlänge wird verdoppelt, also wird auch der Umfang doppelt so groß.

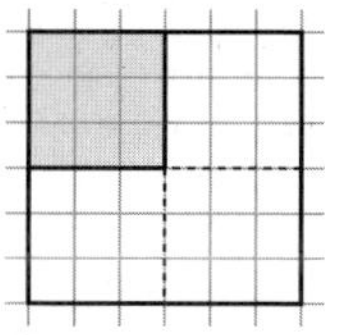

8 Beide Figuren haben etwa den gleichen Flächeninhalt. Die Treppenfigur hat aber einen größeren Umfang als das Dreieck.

Wiederholen – Vertiefen – Vernetzen

Seite 124

1 a) 1 m = 100 cm = 10^2 cm
1 km = 1000 m = 10^3 m
100 m = 1000 dm = 10^3 dm
b) 1 a = 100 m^2 = 10^2 m^2
1 ha = 10 000 m^2 = 10^4 m^2
10 m^2 = 100 000 cm^2 = 10^5 cm^2
c) 10 dm^2 = 100 000 mm^2 = 10^5 mm^2
10 dm = 1000 mm = 10^3 mm
1 km^2 = 10 000 000 000 cm^2 = 10^{10} cm^2

2 a) 15 württ. Morgen = 47 235 m^2
14 bayr. Juchart = 47 684 m^2
13 bad. Morgen = 46 800 m^2
Die Fläche mit 14 bayr. Juchart ist am größten.
b) Flächeninhalt der Wiese: 6 · 3149 m^2 = 18 894 m^2
Breite: (18 894 : 134) m = 141 m

c) Flächeninhalt: $4 \cdot 3600\,m^2 = 14\,400\,m^2$
Seitenlänge des Quadrats: 120 m
Umfang: $4 \cdot 120\,m = 480\,m$

3 a) bis c)
Flächeninhalt Islands: $103\,000\,km^2$
d) Bevölkerungsdichte
Island: ca. 3 Einwohner pro km^2
Deutschland: ca. 230 Einwohner pro km^2

4 Es bleibt kein Teppichboden übrig, wenn sie ein 3,40 m langes und 3 m breites sowie ein 1,70 m langes und ein 4 m breites Stück kauft. Soll der Teppichboden aus einem Stück bestehen, so muss sie ein 5 m langes und ein 4 m breites Stück kaufen.

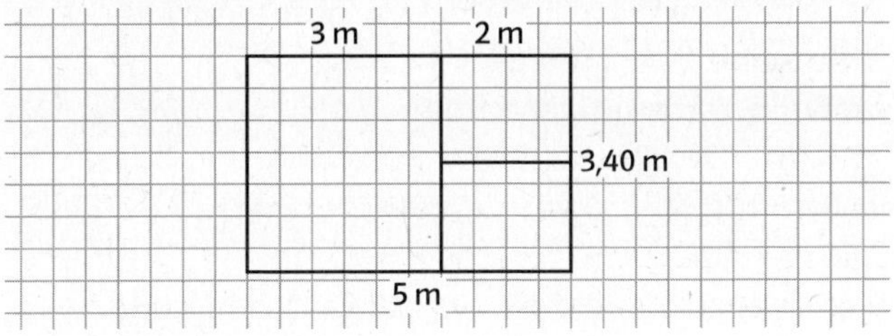

Seite 125

5 a) Flächeninhalt:
$25\,dm \cdot 400\,dm = 10\,000\,dm^2 = 100\,m^2$
b) Das Bauamt muss 12 t 500 kg bestellen.

6 a) Länge: 450 cm; Breite: 360 cm
Flächeninhalt:
$162\,000\,cm^2 = 1620\,dm^2 = 16\,m^2\ 20\,dm^2$
b) Anzahl der Plättchen: 720
Kosten: 180 Reichsmark

7 Flächeninhalt: $316\,m^2\ 20\,dm^2$
Man braucht etwa 317 Körbe Kies.
Kosten: 31,70 Reichsmark.

8 a) Der Drachen besteht aus vier rechtwinkligen Dreiecken. Flächeninhalt:
$2 \cdot (1 \cdot 2) : 2\,cm^2 + 2 \cdot (4 \cdot 2) : 2\,cm^2 = 10\,cm^2$
Anderer Lösungsweg:

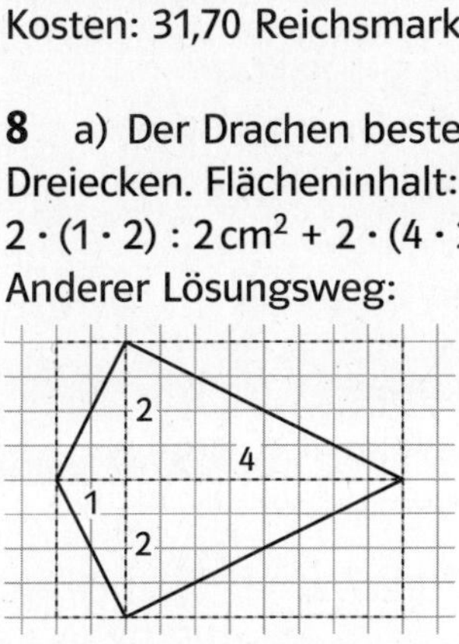

Der Drachen ist halb so groß wie ein Rechteck mit den Seitenlängen 5 cm und 4 cm. Er hat also den Flächeninhalt $20\,cm^2 : 2 = 10\,cm^2$.

b) Am zweiten Lösungsweg in a) sieht man: Jeder Drachen ist halb so groß wie ein Rechteck, dessen Seiten so lang sind wie die Diagonalen des Drachens.

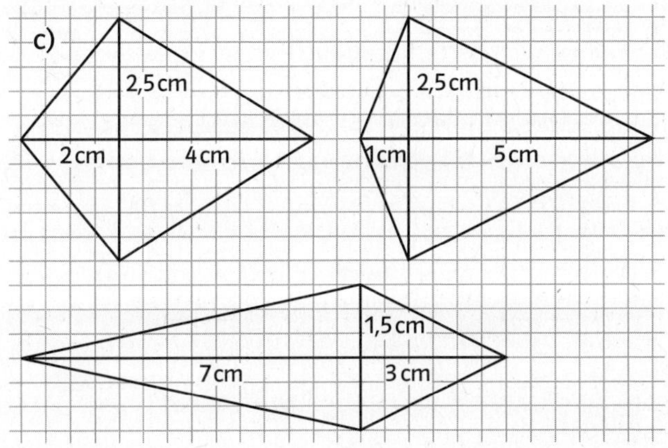

9

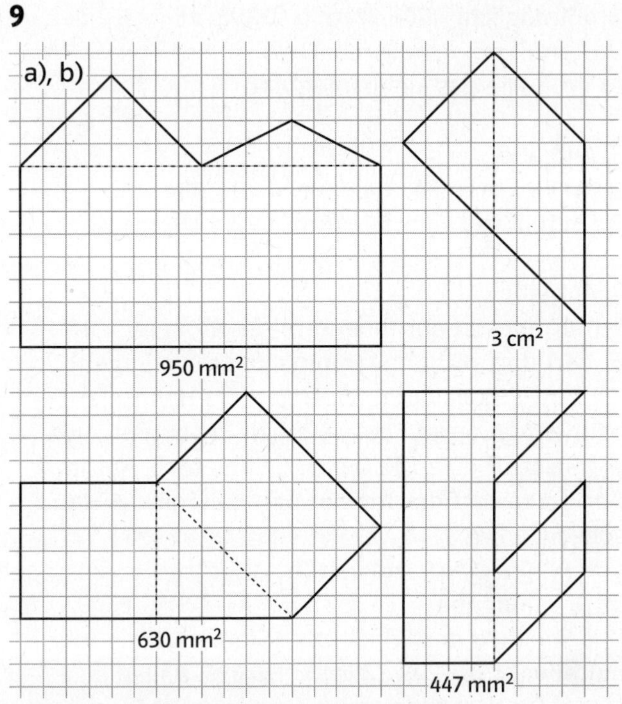

10 a) Der Flächeninhalt bleibt gleich.
b) Die Summe der Umfänge ist dreimal so groß wie der Umfang des ursprünglichen Quadrats.
c) Ein Quadrat ohne roten Rand, vier Quadrate mit einer roten Randstrecke, vier Quadrate mit zwei roten Randstrecken. Kein Quadrat mit drei oder vier roten Randstrecken.
d) Flächeninhalt bleibt gleich, Umfang wird viermal so groß. Vier Quadrate ohne roten Rand, acht mit einer roten Randstrecke, vier mit zwei roten Randstrecken.
e) Flächeninhalt bleibt gleich, Umfang wird 100-mal so groß. Vier Quadrate mit zwei roten Randstrecken, $4 \cdot 98 = 392$ mit einer roten Randstrecke, $89 \cdot 89 = 9604$ ohne roten Rand.

Exkursion

Seite 126

1. Aufgabe:
Kleinstmögliches Fußballfeld:

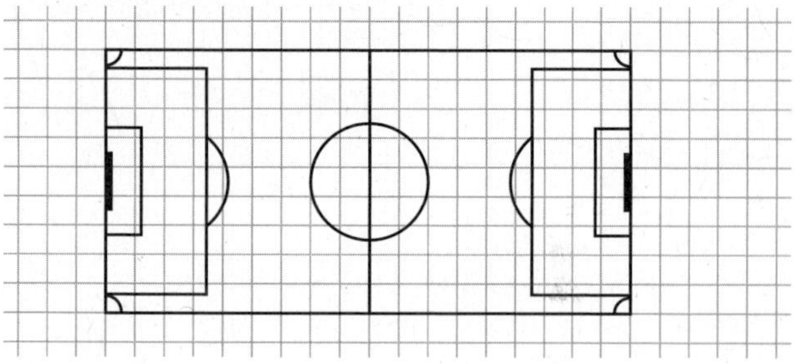

2. Aufgabe:
Kleinstmöglich: $90 \cdot 45\,m^2 = 4050\,m^2$
Größtmöglich: $120 \cdot 90\,m^2 = 10\,800\,m^2$
Das größtmögliche Fußballfeld ist also etwa $2\frac{1}{2}$-mal so groß wie das kleinstmögliche.

3. Aufgabe
Beim kleinsten Feld: $4050\,m^2 : 22 \approx 184\,m^2$
Beim größten Feld: $10\,800\,m^2 : 22 \approx 491\,m^2$

4. Aufgabe
Im Torraum ist der Torwart besonders geschützt. Er darf dort nicht angerempelt werden. Begeht ein Abwehrspieler im Strafraum ein Handspiel oder ein gröberes Foul, so erhält die angreifende Mannschaft einen Strafstoß („Elfmeter"). Nur im Strafraum darf der Torwart den Ball mit der Hand spielen.

5., 6., 7. Aufgabe
Das Spielfeld des Fritz-Walter-Stadions kann man mit etwa $456 \cdot 295$ Bällen = 134 520 Bällen auslegen. Diese wiegen zusammen etwa 54 Tonnen. Könnte man sie aufeinander stapeln, so wäre die Säule etwa 31 km hoch.

Seite 127

1. Aufgabe
Das Spielfeld für ein Doppel ist 23,77 m lang (Seitenlinien) und 10,97 m breit. Das Netz ist parallel zu den Grundlinien und halbiert das Spielfeld. Die Aufschlaglinien sind parallel zum Netz und von diesem jeweils 6,40 m entfernt. Die beiden Felder zwischen dem Netz und den Aufschlaglinien werden durch eine Linie parallel zu den Seitenlinien halbiert. Die Seitenlinien für ein Einzel sind zu den Seitenlinien für das Doppel parallel und haben von diesen jeweils einen Abstand von 1,37 m. Der gesamte Tennisplatz ist nach beiden Seiten um 3,66 m breiter und nach beiden Seiten um 6,40 m länger als das Spielfeld.

2. Aufgabe
Maße in Yards umgerechnet:
$23{,}77\,m \approx 26{,}00\,y$; $8{,}23\,m \approx 9{,}00\,y$
$9{,}60\,m \approx 10{,}50\,y$; $6{,}40\,m \approx 7{,}00\,y$
$3{,}66\,m \approx 4{,}00\,y$
Das Doppelspielfeld ist also 26 Yards lang und 12 Yards breit.

3. Aufgabe
Flächeninhalt der Wiese: $80 \cdot 60\,m^2 = 4800\,m^2$
Flächeninhalt des Doppelspielfeldes: $261\,m^2$
rein rechnerisch passen $4800 : 261 \approx 18$, 18 Doppelspielfelder auf die Wiese. Da man noch Wege anlegen muss, passen weniger Spielfelder auf die Wiese.

4. Aufgabe
Gesamter Platz:
Länge: 36,57 m; Breite: 18,29 m
Umfang: 109,72 m; Flächeninhalt: $\approx 669\,m^2$

5. Aufgabe
Gesamtlänge aller Linien des Spielfeldes:
$4 \cdot 23{,}77\,m + 2 \cdot 8{,}23\,m + 2 \cdot 6{,}40\,m = 124{,}34\,m$

6. Aufgabe
Flächeninhalt des Einzelspielfeldes: $196\,m^2$
Flächeninhalt des Doppelspielfeldes: $261\,m^2$
Flächeninhalt des Platzes: $669\,m^2$
Der Tennisplatz ist mehr als doppelt so groß wie das Doppelspielfeld. Das Einzelspielfeld ist nicht sehr viel kleiner.

7. Aufgabe
Rechnerische Spielfläche pro Spieler:
beim Einzel: $98\,m^2$; beim Doppel: $65\,m^2$

8. Aufgabe
Flächeninhalt des Netzes: $10\,970 \cdot 914\,mm^2 \approx 10\,m^2$

V Körper

1 Körper und Netze

Seite 133

1 individuelle Lösungen, z. B.

Gegenstand	Grundkörper
Orange	Kugel
Zauberhut	Kegel
Kekspackung	Quader
Baumkuchenpackung	Prisma mit 6-eckiger Grundfläche
Bleistift	Zylinder
Wurfring	Ring

2 a) und b)
Kegel und Halbkugel – Eistüte mit Eis
Zylinder mit Halbkugel – Sternwarte
Zylinder mit Kegel – Kirchturm
Würfel mit Pyramide – Burgturm
zwei Zylinder, Kegel – Weinglas
Quader und Prisma – Haus
zwei Zylinder, Ring – Kaffeetasse mit Untertasse
7 Zylinder, 2 Quader – Lokomotive
c) individuelle Lösungen

Seite 134

3 Fig. 1: Saturn; Grundkörper: Kugel und Ring
Fig. 2: Vulkankegel; Grundkörper: Kegel

4 a) 6 Ecken, 9 Kanten, 5 Flächen
b) 5 Ecken, 8 Kanten, 5 Flächen

5 Steckbrief von Fig. 3: Prisma mit sechseckiger Grundfläche.
Steckbriefe der anderen geometrischen Grundkörper:
Würfel: 8 Ecken, 6 Flächen, 12 Kanten (alle gleich lang)
Quader: 8 Ecken, 6 Flächen, 12 Kanten (je vier gleich lang)
Prisma mit dreieckiger Grundfläche:
6 Ecken, 5 Flächen, 9 Kanten
Pyramide mit viereckiger Grundfläche:
5 Ecken, 5 Flächen, 8 Kanten
Zylinder: keine Ecken, 3 Flächen, davon eine gewölbt; 2 gebogene Kanten
Kegel: keine Ecken (eine Spitze, an der aber keine Kanten aufeinander treffen), 2 Flächen, davon eine gewölbt; 1 gebogene Kante
Kugel: keine Ecken, eine gewölbte Fläche; keine Kanten
Halbkugel: keine Ecken, 2 Flächen, davon eine gewölbt; 1 gebogene Kante
Ring: keine Ecken, eine gewölbte Fläche, keine Kanten

6 a) Würfel, Quader, Prismen, Pyramiden, Zylinder, Kegel, Halbkugel und Ring können stehen.
Zylinder, Kegel, Kugel und Ring können rollen; die Halbkugel kann schaukeln.
b) Aus „Mein Tisch, mein Körper und ich“:

Gegenstand	Geometrischer Grundkörper
Rundes Tischbein	Zylinder
Viereckige Tischplatte	Quader
Würfel	Würfel
Murmel	Kugel
Kreisel	Kegel
Bauklötze: Haus Hausdach Turm Turmdach	 Quader Prisma Quader, Zylinder oder Prisma Pyramide oder Kegel
Arm	Zylinder
Bein	Zylinder
Höhle	Halbkugel
Zimmer	Quader oder Würfel
Boot	Prisma

7
a)
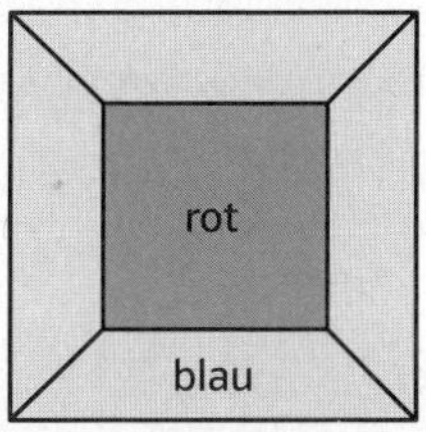

b)
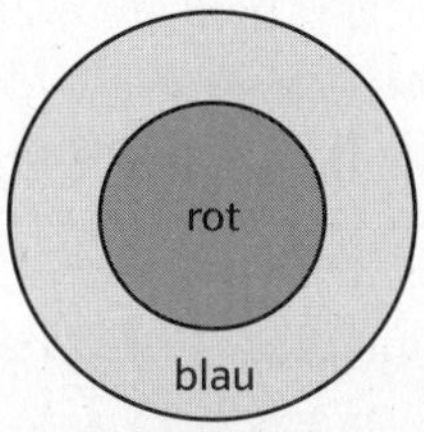

c)
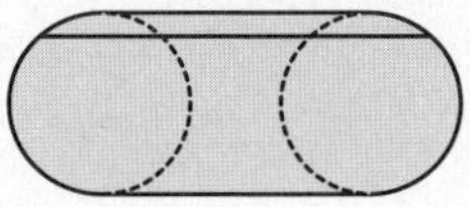
Ansicht von der Seite

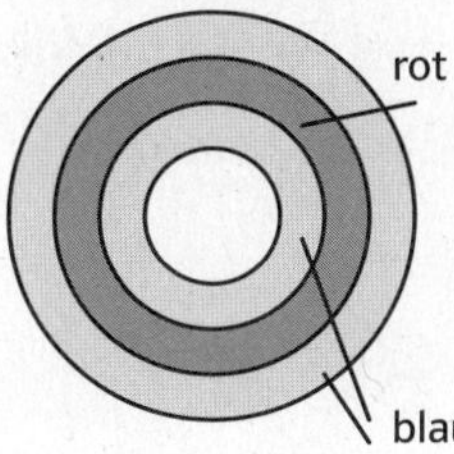

Ansicht von oben

8 ganz links: Pyramide mit viereckiger Grundfläche; zweites von links: Prisma mit sechseckiger Grundfläche; zweites von rechts: Pyramide mit dreieckiger Grundfläche (Tetraeder); ganz rechts: Zylinder

9 ganz links: Netz
zweites von links: kein Netz
zweites von rechts: Netz
ganz rechts: kein Netz

Seite 135

10 Mögliche Netze:

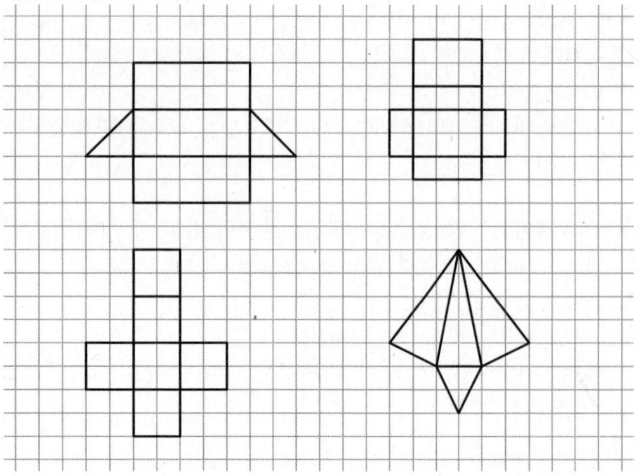

11 a) Würfel, Prismen und Pyramiden mit lauter gleichen Kantenlängen können gebastelt werden.
b) individuelle Lösung

12 a) Zylinder
b) Bei Verlängerung der längeren Seiten entsteht ein gleich hoher Zylinder mit größerem Umfang. Bei Vergrößerung der kürzeren Seite wird der Zylinder bei gleichem Grundflächenumfang höher.

13 individuelle Lösung

14 Je größer das ausgeschnittene Kuchenstück ist, desto höher und schmäler wird der Kegel.

15

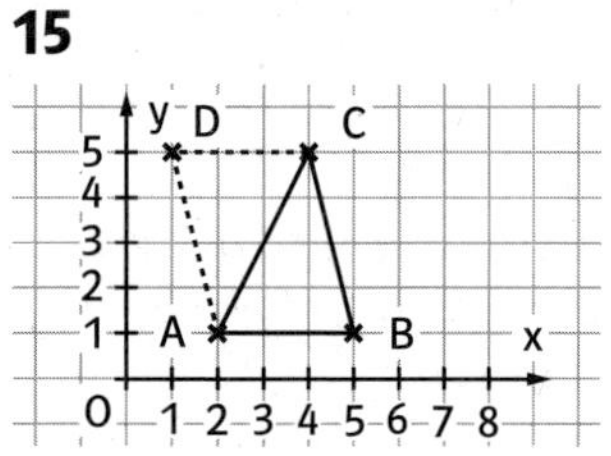

a) Flächeninhalt: $6\,cm^2$; Umfang: 11,6 cm
b) D(1|5); Flächeninhalt: $12\,cm^2$; Umfang: 14,2 cm

16 a)

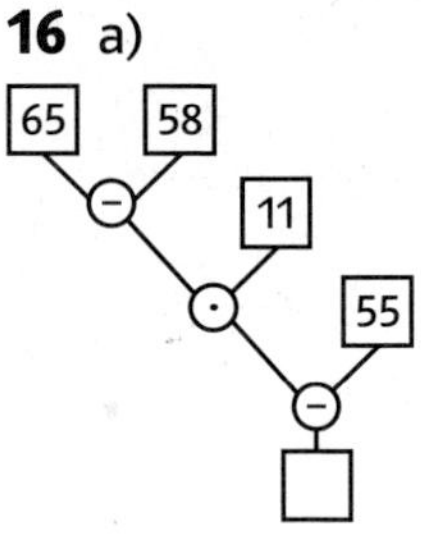

Ergebnis: 22

b)

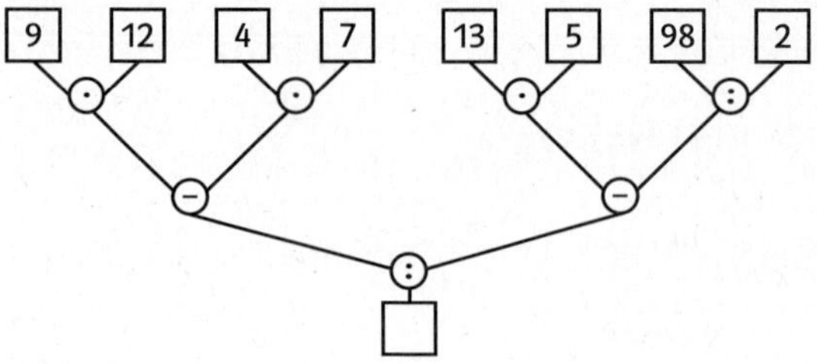

Ergebnis: 5

c)

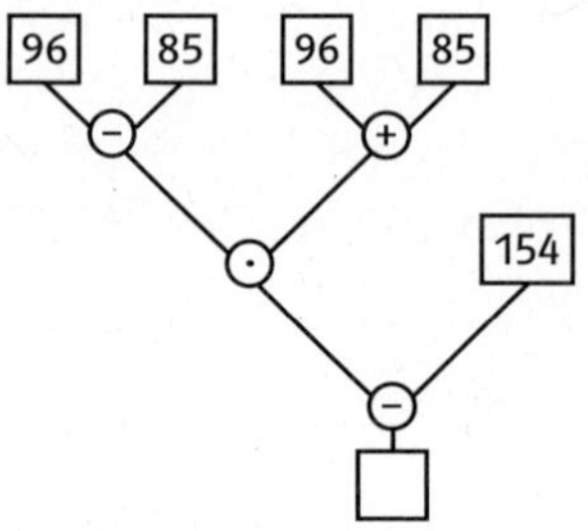

Ergebnis: 1837

d)

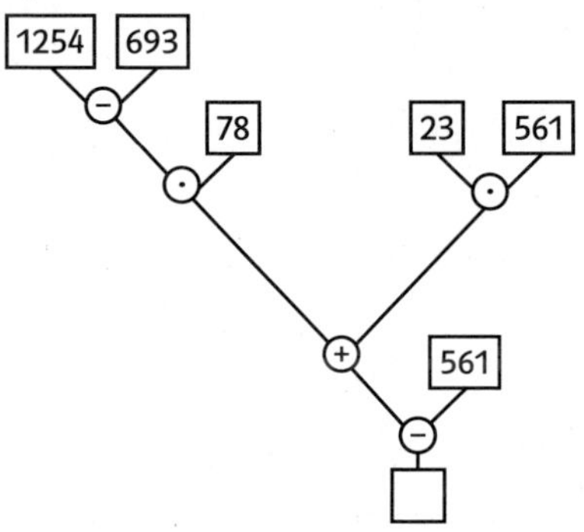

Ergebnis 56100

e)

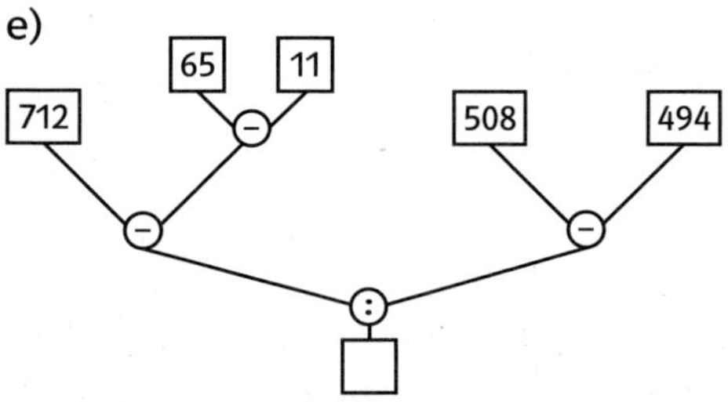

Ergebnis: 47

2 Quader

Seite 137

1

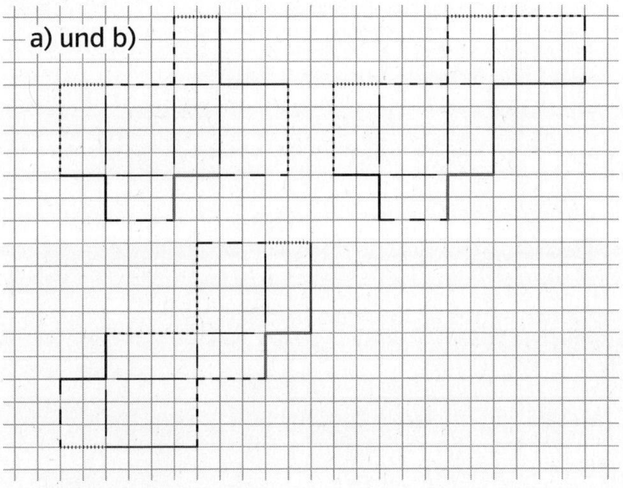

c) individuelle Lösung

2

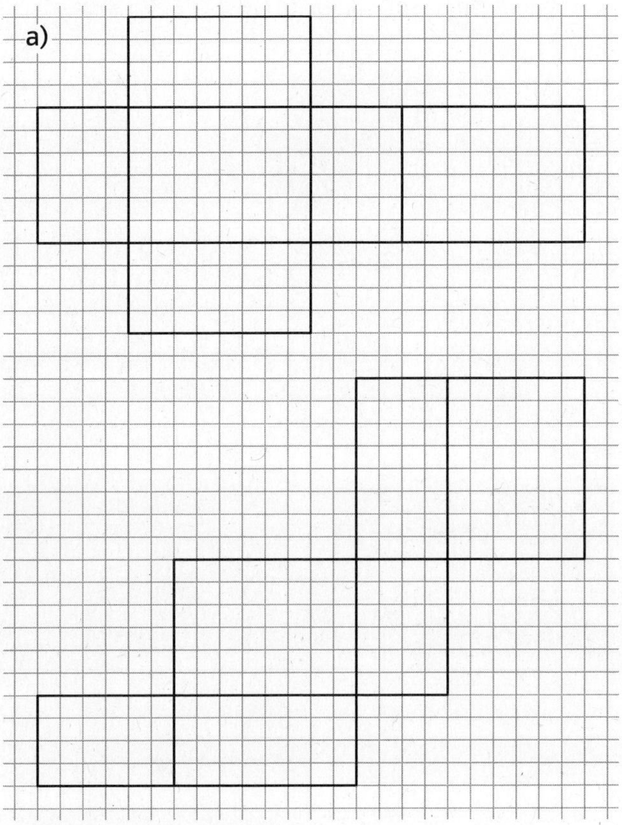

b) Gesamtkantenlänge:
$K = 4 \cdot (4\,cm + 3\,cm + 2\,cm) = 36\,cm$.
c) Oberflächeninhalt:
$O = 2 \cdot (12\,cm^2 + 8\,cm^2 + 6\,cm^2) = 52\,cm^2$
d) Netze entsprechend zu a)
Gesamtkantenlänge:
$K = 4 \cdot (5\,cm + 2\,cm + 2{,}5\,cm) = 38\,cm$
Oberflächeninhalt:
$O = 2 \cdot (10\,cm^2 + 12{,}5\,cm^2 + 5\,cm^2) = 55\,cm^2$

Seite 138

3 a) Kein Netz; die rechte Seitenwand ist doppelt vorhanden, die linke Seitenwand fehlt.
b) Netz
c) Netz
d) Kein Netz; die rechte Seitenwand ist doppelt vorhanden, die linke Seitenwand fehlt.

4 a) Kantenlänge des Häuschens:
$2 \cdot 1{,}6\,m + 2 \cdot 1{,}8\,m + 4 \cdot 1{,}2\,m = 11{,}6\,m$
b) Tuchfläche:
$1 \cdot 16 \cdot 18\,dm^2 + 2 \cdot 16 \cdot 12\,dm^2 + 2 \cdot 18 \cdot 12\,dm^2$
$= 1104\,dm^2 = 11{,}04\,m^2$
c) Höhe:
$(12\,m - 2 \cdot 1{,}6\,m - 2 \cdot 1{,}8\,m) : 4 = 1{,}3\,m$.

5 a) Gestrichelte Linie: quadratisches Papier der Seitenlänge 10 cm.

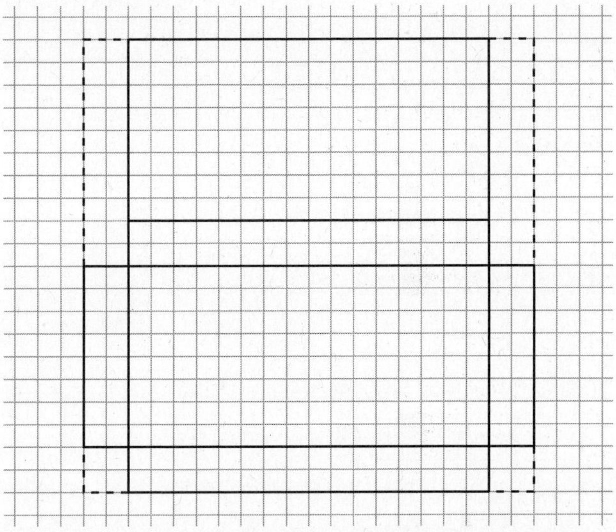

b) Nein, das quadratische Papier hätte den Flächeninhalt $81\,cm^2$, der Oberflächeninhalt des Quaders ist dagegen $88\,cm^2$ und somit größer.

6 Die Gesamtkantenlänge beim kleineren Quader ist halb so groß wie beim großen. Sein Oberflächeninhalt beträgt ein Viertel der Oberfläche des großen Quaders.

7 a) Alisa kann die Kantenlängen des Würfels $84\,cm : 12 = 7\,cm$ lang machen.
b) $96\,cm^2 : 6 = 16\,cm^2$. Helen kann die Kantenlängen des Würfels 4 cm lang machen.

8

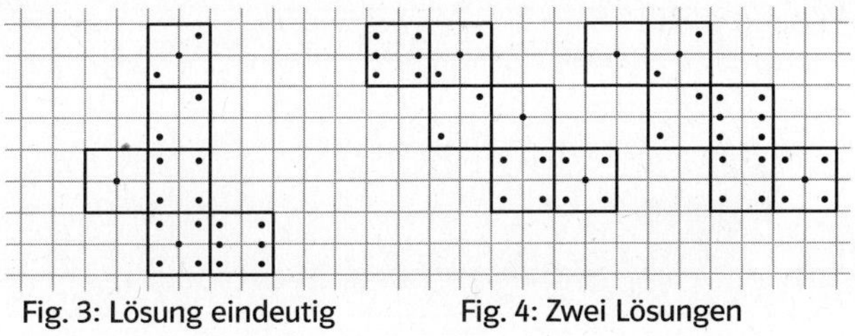

Fig. 3: Lösung eindeutig   Fig. 4: Zwei Lösungen

9 Die 8 Würfel haben zusammen 48 Flächen; davon sind 24 unbemalt.

10 Die Kantenlängen der Würfel müssen Teiler der Kantenlängen der Quader sein.
Da ggT (4 cm; 6 cm) = 2 cm erhält man 12 Würfel.

3 Schrägbilder

Seite 140

1

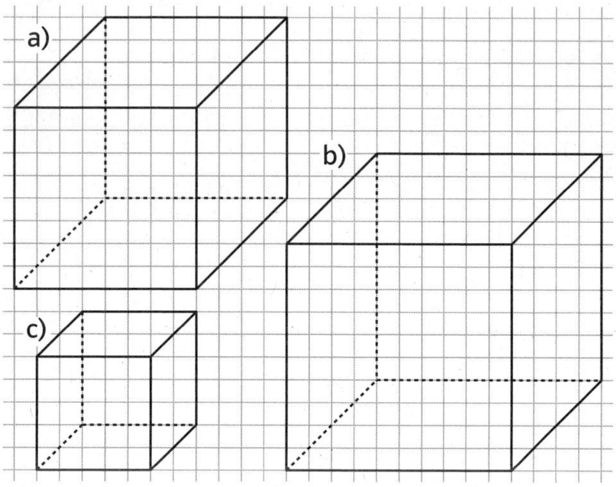

2

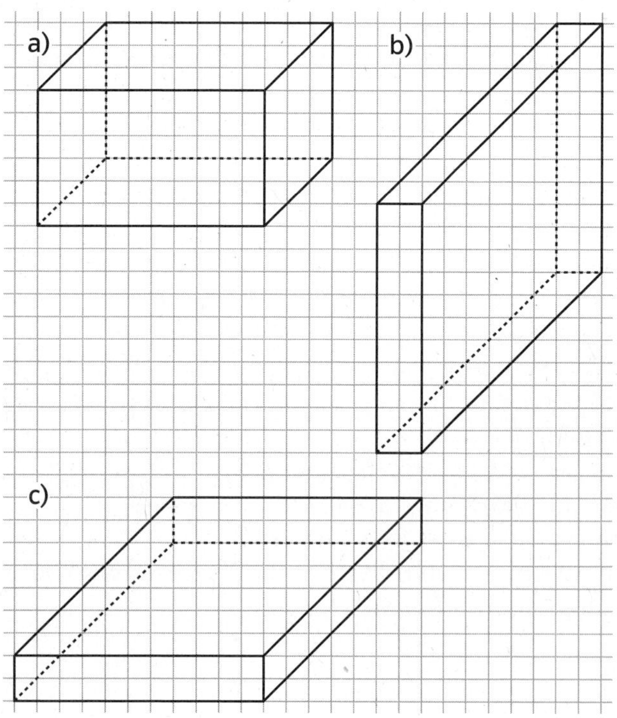

3

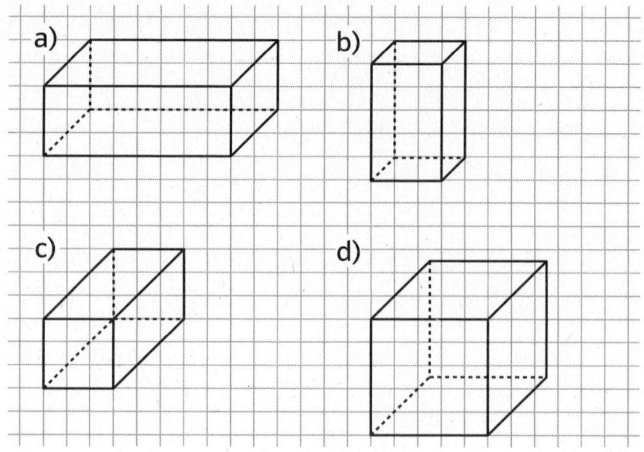

4

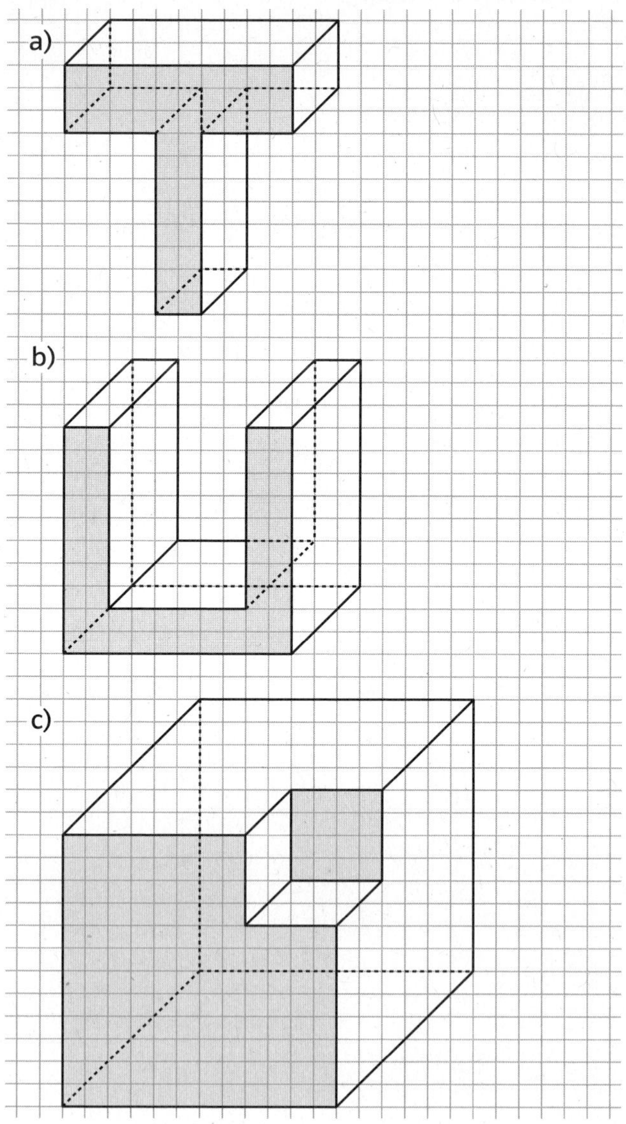

5

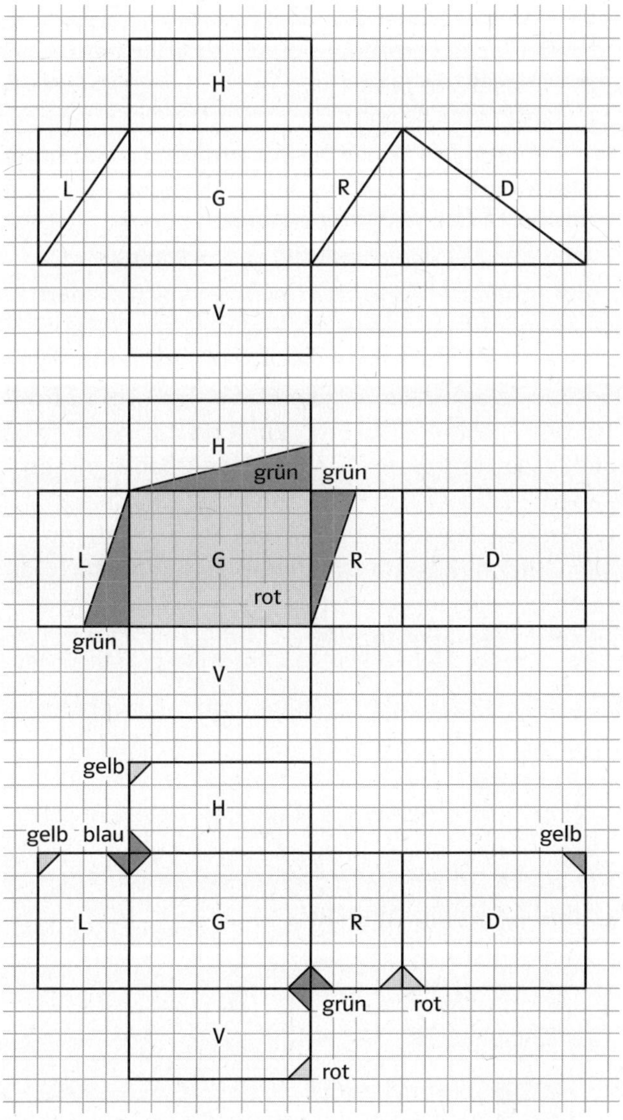

6

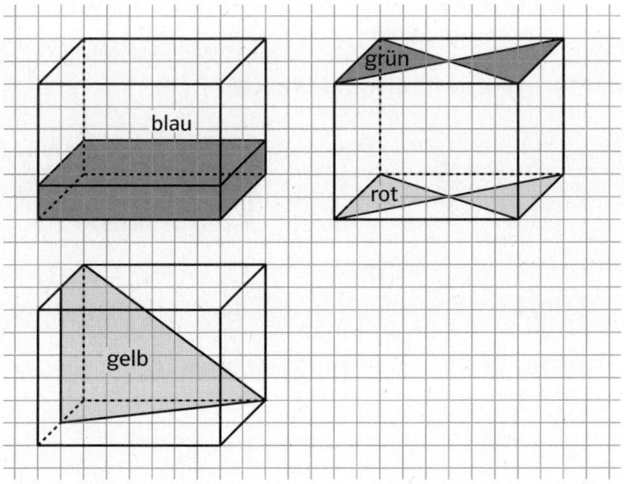

7 individuelle Lösungen, z. B.

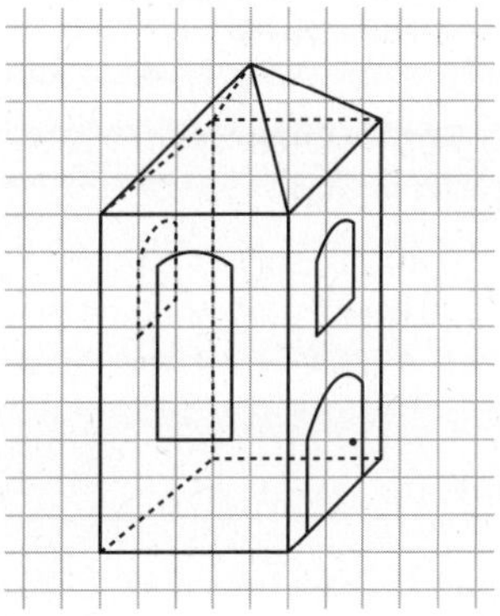

4 Messen von Rauminhalten

Seite 142

1 links: $3\,cm^3$; Mitte: $7\,cm^3$; rechts: $6\,cm^3$.

Seite 143

2 Fisch: 34 Würfel
Vogel: 45 Würfel
Känguru: 34 Würfel
Der gelbe Vogel hat den größten Rauminhalt.

3 lila $\left(\frac{4}{2} = 2 \text{ Würfel}\right)$ $<$ dunkelgelb $\left(2\frac{1}{2} \text{ Würfel}\right)$ $<$ hellgelb (3 Würfel) $<$ orange $\left(1 + \frac{5}{2} = 3\frac{1}{2} \text{ Würfel}\right)$

4 Beide Körper haben die gleiche Tiefe von einer Kästchendiagonalen. Also müssen die Vorderseiten jeweils den gleichen Flächeninhalt haben, damit der Rauminhalt übereinstimmt: Die Vorderseite des Würfels besteht aus 25 Kästchen. Setzt man bei der Vorderseite des Prismas die halben Kästchen zu ganzen zusammen, so erhält man auch dort 25 Kästchen. Also ist der Rauminhalt gleich.

5

Klassenzimmer	$240\,m^3$
Schulranzen	$20\,dm^3$
Freischwimmerbecken	$2000\,m^3$
Wolkenkratzer	$120\,000\,m^3$
Arzneifläschchen	20 ml
Toastbrotscheibe	$100\,cm^3$
Tablette	$25\,mm^3$
Floh	$2\,mm^3$

6

a) $30\,000\,dm^3$
$1\,750\,000\,dm^3$
$123\,dm^3$

b) $12\,000\,cm^3$
$230\,000\,cm^3$
$14\,cm^3$

c) $4\,m^3$
$17\,m^3$
$212\,m^3$

d) 34 l
125 l
45 000 l

7 a) $3023\,dm^3$ b) $12\,005\,l$
c) $23\,020\,ml$ d) $2\,000\,300\,ml$

8 a) $3\,l\ 500\,ml$ b) $7\,cm^3\ 250\,mm^3$
c) $23\,dm^3\ 40\,cm^3$ d) $45\,m^3\ 540\,l$

9 a) $36\,400\,mm^3 = 36\,cm^3\ 400\,mm^3$
b) $3180\,ml = 3\,l\ 180\,ml$
c) $8310\,cm^3 = 8\,dm^3\ 310\,cm^3$
d) $42\,420\,dm^3 = 42\,m^3\ 420\,dm^3$
e) $700\,l$
f) $4000\,dm^3 = 4\,m^3$

10 Die kleinen Würfel können z. B. die folgenden Kantenlängen besitzen:
1 cm → Man benötigt 3375 kleine Würfel
1,5 cm → Man benötigt 1000 kleine Würfel
2,5 cm → Man benötigt 216 kleine Würfel
3 cm → Man benötigt 125 kleine Würfel
5 cm → Man benötigt 27 kleine Würfel
7,5 cm → Man benötigt 8 kleine Würfel

Seite 144

11 Der Kofferraum eines typischen Kombis hat bei umgeklappter Sitzbank die Maße: Länge 1745 mm, Breite 1209 mm, Höhe 900 mm. Der Gepäckraum fasst also ca. 1800 Liter. Selbst eine Großraumlimousine (Bus) hat nur einen Fahrgastraum von insgesamt 5400 Liter. Bei Luisas Auto muss es sich daher um einen Transporter handeln – dann spricht man allerdings nicht von einem Kofferraum. Somit kann ihre Behauptung nicht richtig sein.

12 a) $100 \cdot 12 \cdot 750\,ml = 900\,000\,ml$
$= 900\,000\,cm^3$
$= 900\,dm^3 = 0{,}9\,m^3$
100 Kästen enthalten weniger als $1\,m^3$ Mineralwasser.
b) $12 \cdot 750\,ml = 9000\,ml = 9\,dm^3$
mögliche Quader mit $9\,dm^3$ Rauminhalt: z. B.
Grundfläche $1\,dm \cdot 1\,dm$, Höhe 1 dm
Grundfläche $3\,dm \cdot 3\,dm$, Höhe 9 dm

13 a) $5\,l = 5\,dm^3 = 5\,000\,cm^3 = 5\,000\,000\,mm^3$
In einen 5-l-Eimer passen etwa 5 000 000 Wassertropfen.
b) $600\,m^3 = 600\,000\,dm^3$
$= 600\,000\,l = 600\,000\,000\,cm^3$
$= 600\,000\,000\,000\,mm^3$
$600\,000\,l : 300\,l = 2\,000$
Man braucht 2 000 Badewannenfüllungen oder etwa 600 000 000 000 Wassertropfen, um das Schwimmbecken einmal zu füllen.

14 a) $(55 + 5 + 10 + 45 + 15 + 15)\,l = 145\,l$
$365 \cdot 145\,l = 52\,925\,l = 52{,}925\,m^3 \approx 53\,m^3$
Jeder Deutsche verbraucht durchschnittlich etwa $53\,m^3$ Wasser pro Jahr.
b) $4 \cdot 145\,l \cdot 30 = 17\,400\,l$
Eine vierköpfige Familie verbraucht pro Monat etwa 17 400 l Wasser.
c) $30\,000 \cdot 3 \cdot 7 \cdot 145\,l = 91\,350\,000\,l$
$= 91\,350\,m^3 < 81\,000\,000\,m^3$
Ja, der Inhalt der Talsperre reicht, um 30 000 Menschen drei Wochen lang mit Wasser zu versorgen.

15 Eine Telefonzelle hat die Maße $1\,m \times 1\,m \times 2{,}5\,m$, also den Rauminhalt $2{,}5\,m^3$. Ein Kind aus der vierten Klasse könnte man durch einen Quader mit den Maßen $50\,cm \times 20\,cm \times 125\,cm$ annähern. Dieser Quader hat das Volumen $125\,dm^3$. In eine Telefonzelle würden maximal 20 Kinder passen. Tatsächlich waren bei diesem Rekord 19 Kinder bei geschlossener Tür in der Telefonzelle.

16 a) Für drei Würfel (Drillinge) gibt es zwei Möglichkeiten:

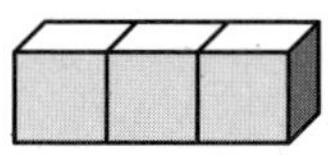 bzw. 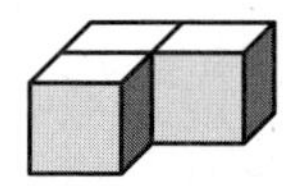

Zum linken Drilling kann man einen vierten Würfel auf drei Arten hinzufügen:

1
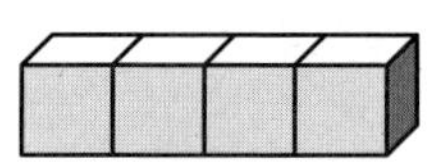
2
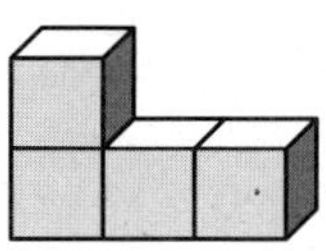
3
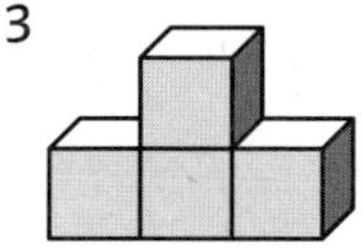

Beim rechten Drilling gibt es fünf weitere Möglichkeiten, insgesamt also 8 Möglichkeiten.

4
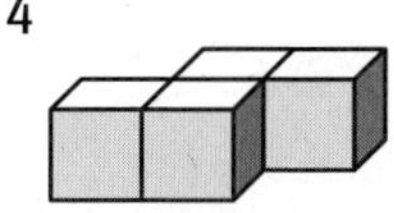
5
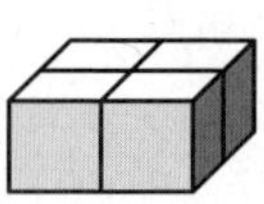
6
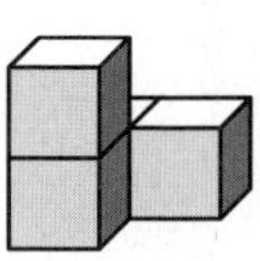
7
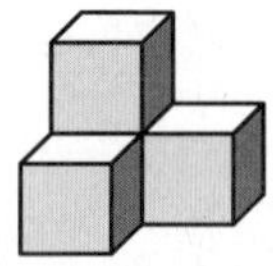
8
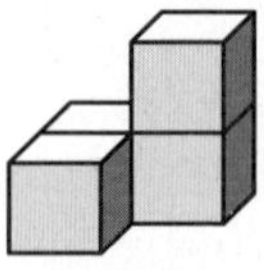

b) Ordnet man die gegebenen Vierlinge nach den acht Typen von Aufgabenteil a), so gehören A, C und F zu Typ 8; gehören B und E zu Typ 6; gehört D zu Typ 7.
c) Ein Würfel aus zwei Vierlingen hat acht kleine Würfel, also Kantenlänge 2. Von den in Aufgabenteil a) angegebenen acht Typen passen nur die Typen 5 bis 8 in so einen Würfel. Man sieht, dass dann ein zweiter Vierling vom selben Typ den grö-

ßeren Würfel ausfüllt: zweimal Typ 5, zweimal Typ 6, zweimal Typ 7 oder zweimal Typ 8 ergibt also den großen Würfel.

5 Rauminhalt eines Quaders

Seite 145

In der Schachtel sind $7 \cdot 7 \cdot 3 = 147$ Zuckerstücke.

Seite 146

1 a) $384\,cm^3$ b) $420\,cm^3$
c) $700\,cm^3$ d) $45\,cm^3$

2 Quader (Fig. 3): $V = 48\,cm^3$; $O = 104\,cm^2$;
Quader (Fig. 4): $V = 54\,000\,cm^3$; $O = 9600\,cm^2$

3 a) Rauminhalt: $512\,cm^3$
Oberflächeninhalt: $384\,cm^2$
b) Rauminhalt: $343\,cm^3$
Oberflächeninhalt: $294\,cm^2$
c) Rauminhalt: $13\,824\,cm^3$
Oberflächeninhalt: $3456\,cm^2$

4 a) $3744\,cm^3$ Pulver sind in der Packung, $864\,cm^3$ passen noch hinein.
b) Die Packung müsste bis 14,5 cm gefüllt sein.
c) Man kann 160-mal waschen.

5 $8\,km \cdot 6{,}50\,m \cdot 9\,cm = 800\,000\,cm \cdot 650\,cm \cdot 9\,cm$
$= 4\,680\,000\,000\,cm^3$
$= 4\,680\,m^3$
Es werden 4.680 m^3 Schotter benötigt.

6 $9\,m \cdot 7\,m\ 50\,cm \cdot 3\,m\ 40\,cm$
$= 900\,cm \cdot 750\,cm \cdot 340\,cm = 229\,500\,000\,cm^3$
$229\,500\,000\,cm^3 : 6\,m^3$
$229\,500\,000\,cm^3 : 6\,000\,000\,cm^3 = 38$ Rest 1 500 000
In diesem Klassenzimmer dürfen höchstens 38 Schüler unterrichtet werden.

7 a) Volumen der Streichholzschachtel:
$5\,cm \cdot 3\,cm \cdot 1\,cm = 15\,cm^3$
Volumen von 50 Streichhölzern:
$50 \cdot 4\,cm \cdot 2\,mm \cdot 2\,mm = 50 \cdot 40\,mm \cdot 2\,mm \cdot 2\,mm$
$= 8\,000\,mm^3 = 8\,cm^3$
Differenz:
$15\,cm^3 - 8\,cm^3 = 7\,cm^3$
In der Schachtel befinden sich $7\,cm^3$ Luft.

b) $1\,m^3 = 1\,000\,000\,000\,mm^3$
Volumen eines Streichholzes:
$40\,mm \cdot 2\,mm \cdot 2\,mm = 160\,mm^3$
Anzahl:
$1\,000\,000\,000\,mm^3 : 160\,mm^3 = 6\,250\,000$
Aus $1\,m^3$ Holz lassen sich 6 250 000 Streichhölzer herstellen.

Seite 147

8 a) 6 verschiedene Quader ($1 \cdot 1 \cdot 24$; $1 \cdot 2 \cdot 12$; $1 \cdot 3 \cdot 8$; $1 \cdot 4 \cdot 6$; $2 \cdot 2 \cdot 6$; $2 \cdot 3 \cdot 4$)
b) individuelle Lösung, z. B.:
$1\,dm \cdot 1\,dm \cdot 5\,dm$,
$5\,cm \cdot 20\,cm \cdot 50\,cm$,
$5\,cm \cdot 25\,cm \cdot 40\,cm$
c) $(125 \cdot 125 \cdot 125)\,cm = 1\,953\,125\,cm^3 = 1{,}953125\,m^3$
$(126 \cdot 126 \cdot 126)\,cm = 2\,000\,376\,cm^3 = 2{,}000376\,m^3$
Die Kantenlänge des Würfels muss mindestens 126 cm betragen.

9 400 000 Liter sind $400\,m^3$. Bei einer Breite von 10 m ist Höhe mal Länge des Beckens ca. $40\,m^2$. Das Becken könnte ca. 8 m lang und 5 m hoch sein oder 10 m lang und 4 m hoch.

10 Der Rauminhalt steigt auf das Achtfache, der Oberflächeninhalt auf das Vierfache.

11 a) T: Rauminhalt $192\,cm^3$
Kreuz: Rauminhalt $384\,cm^3$

b)
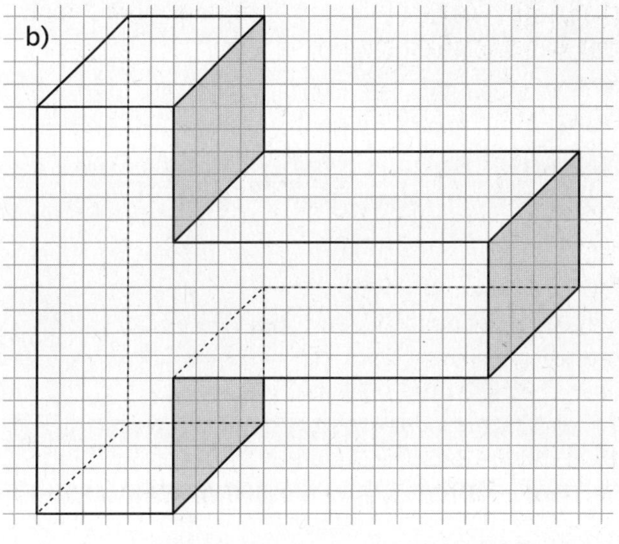

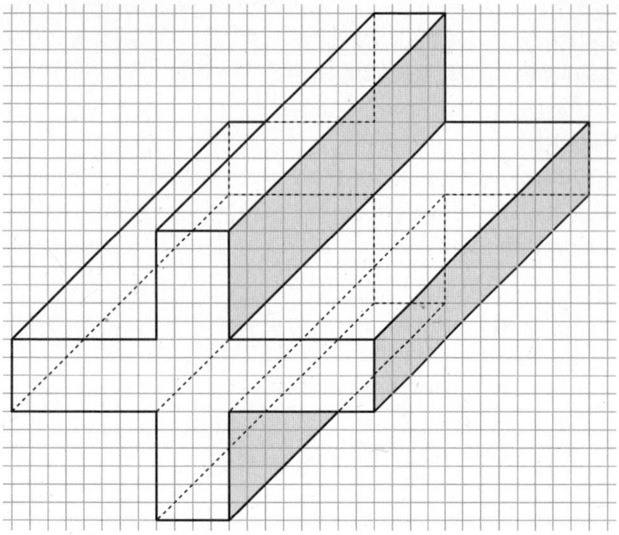

12 a) (70 · 40 · 40) cm = 112 000 cm³
(20 · 20 · 40) cm = 16 000 cm³
112 000 cm³ – (2 · 16 000 cm³) = 80 000 cm³ = 80 l
Für einen Stein benötigt man 80 l Beton.
b) 7 m 20 cm = 720 cm
Anzahl der Steine:
720 cm : 40 cm = 18
18 · 80 l = 1440 l
Für den Schornstein benötigt man 1440 l Beton.
c) Anzahl der Steine:
480 l : 80 l = 6
6 · 40 cm = 240 cm = 2 m 40 cm
Der Kamin ist 2,4 m hoch.

13

	a)	b)	c)	d)
Länge	170 cm	3 cm	7 cm	240 cm
Breite	6 dm	50 mm	6 cm	80 cm
Höhe	80 cm	4 cm	8 cm	9 dm
Volumen	816 l	60 cm³	336 cm³	1728 l
Grundfläche	10 200 cm²	15 cm²	42 cm²	19200 cm²

14 a) 2 m   b) 5 cm   c) 11 dm

Seite 148

15 a) Volumen des Wassers bei 3 mm Regen:
1000 · 1000 · 3 mm³ = 3 Liter.
b) 1 km² · 300 mm = 1000 m · 1000 m · (300 : 100) m
= 300 000 m³
Auf einen Quadratkilometer fallen durchschnittlich 300 000 m³ pro Jahr.
c) Höhe bei 300 Liter Regen:
300 dm³ : 100 dm² = 3 dm = 30 cm.

16 Ein Quader mit dem man das Nashorn annähern könnte wäre ca. 2,5 m lang, 1 m breit und 1 m hoch. Er hätte das Volumen 2,5 m³; das Nashorn würde 2,5 t wiegen. In Wirklichkeit wird ein männliches Panzernashorn ca. 2,2 t schwer.

17 a) (3 dm · 6 dm · 6 dm) + [(3 dm · 6 dm : 2) · 6 dm]
= 162 dm³ = 162 l
Der Behälter fasst so 162 l.
b) 6 dm · 6 dm · ☐ = 162 dm³
162 dm³ : 36 dm² = 4,5 dm = 45 cm
Das Wasser steht dann 45 cm hoch.

18 a) (165 – 10) mm · 95 mm · 63 mm = 927 675 mm³
= 0,927675 l
b) Beim Befüllen wird die Tüte etwas bauchig. Dadurch ist ihr Volumen größer als das des Quaders.

19 individuelle Lösung

20 a) Überschlag: 100 · 1000 = 100 000
71 · (181 + 715) = 63 616
b) Überschlag: 200 · 50 – 9000 = 1000
253 · 43 – (6543 + 2333) = 2003
c) Überschlag: 9000 : 150 + 50 = 110
9204 : 156 + (623 – 582) = 100
d) Überschlag:
(7000 + 5000) : (7000 – 5000) = 12 000 : 2000 = 5
(7212 + 4808) : (7212 – 4808) = 5

Wiederholen – Vertiefen – Vernetzen

Seite 149

1

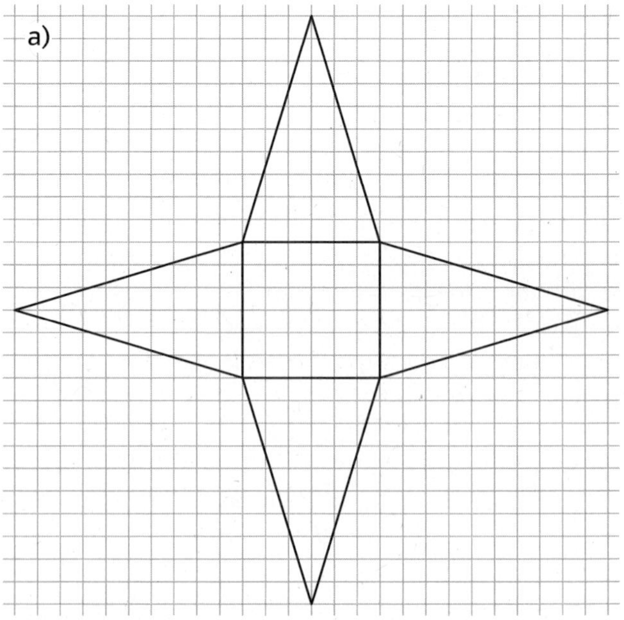

b) Oberfläche: 4 · 7,5 cm² + 9 cm² = 39 cm²

2 a) Fig. 3: Fläche 5 liegt gegenüber der roten Fläche.
Fig. 4: Fläche 4 liegt gegenüber der roten Fläche.

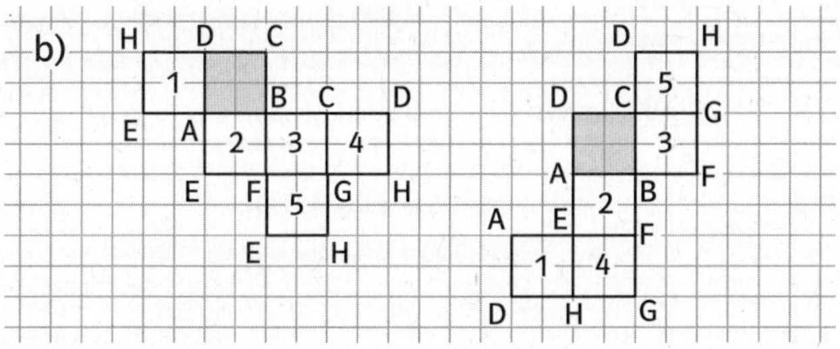

3 Von C über B und A nach E sind es 60 cm.
Von C direkt nach A und dann nach E sind es ca. 48 cm. Noch kürzer ist der direkte Weg von C nach E über Z. Es sind ca. 45 cm.
Alle kürzesten Wege führen über die Mitte einer Kante, die in einem Quadrat, das an die Würfelecke C angrenzt, dem Punkt C gegenüberliegt. Es gibt 3 solche Quadrate, in jedem gibt es zwei gegenüberliegende Punkte, (U, V, W, X, Y, Z). Also gibt es insgesamt 6 kürzeste Wege, die im Netz und im Schrägbild eingezeichnet sind.

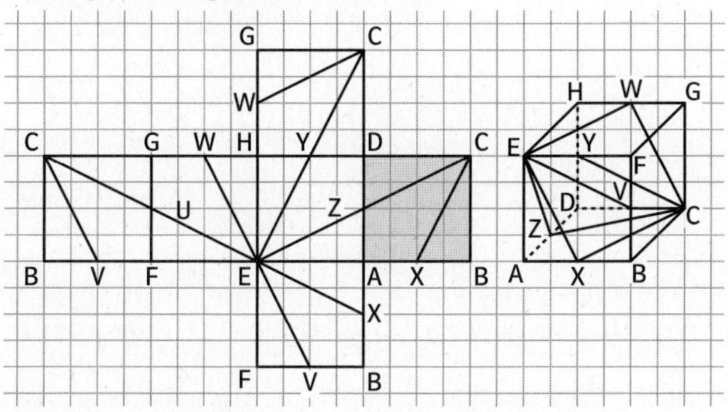

4 a) Mögliche Gründe für Schachteln in Quaderform:
- Quader sind leicht lückenlos stapelbar.
- Quader passen ohne Lücke in rechteckige Schränke, Räume, Container usw.
- Viele Gegenstände, die verpackt werden, haben rechte Winkel und passen daher gut in quaderförmige Schachteln.
- Quaderförmige Schachteln sind einfach herstellbar.

b) Mögliche Gründe für Schränke in Quaderform:
- Räume haben oft rechte Winkel, da diese einfach herzustellen sind;
  quaderförmige Schränke passen daher in die Ecken solcher Räume.
- Mit einer Tür sind quaderförmige Schränke gut einsehbar.
- Quaderförmige Schachteln passen gut in quaderförmige Schränke.
- Quaderförmige Schränke sind einfach herstellbar.

c) Bei einem Würfel sind alle Augenzahlen gleich wahrscheinlich, da alle Winkel und Flächen gleich groß sind.

5

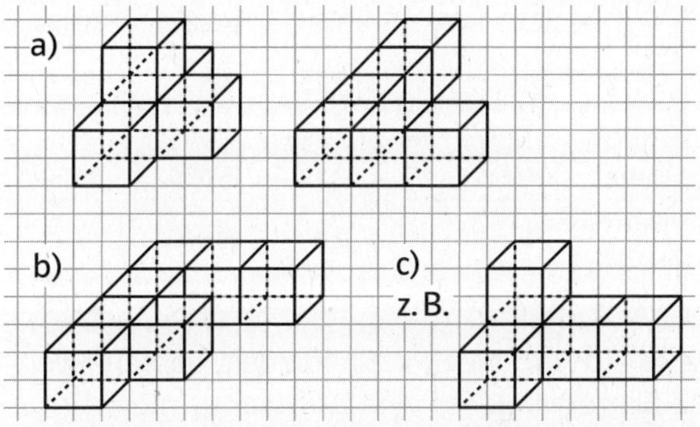

6 Spielwürfel: Kantenlänge 1,3 cm, also Rauminhalt $2197\,mm^3 \approx 2{,}2\,cm^3$
Papier: 500 Blatt Papier haben die Maße $30\,cm \times 21\,cm \times 5\,cm$, also den Rauminhalt $3150\,cm^3$.
Ein Blatt Papier hat den Rauminhalt $6{,}3\,cm^3$. Das Volumen des Papiers ist ca. dreimal so groß wie das Volumen des Würfels.

7 Es passen noch 32 Liter in den roten Würfel.

Seite 150

8 a) Papier als Rechteck
b) Papier als Quader
c) Papier als Rechteck
d) Papier als Quader

9 Würfel: Gesamtkantenlänge: 48 cm
Oberflächeninhalt: $96\,cm^2$
Rauminhalt: $64\,cm^3$.
Quader:
Gesamtkantenlänge: 64 cm
Oberflächeninhalt: $142\,cm^2$
Rauminhalt: $56\,cm^3$.
Der Quader hat die größere Gesamtkantenlänge und den größeren Oberflächeninhalt, aber das kleinere Volumen.

10 a)

	Name	Innenmaße in cm	Preis in EUR	Rauminhalt in cm^3	Oberflächeninhalt in cm^2
XS	Extra Small	22,5 × 14,5 × 3,5	1,50	1141,875	911,5
S	Small	25 × 17,5 × 10	1,70	4375	1725
M	Medium	35 × 25 × 12	1,90	10 500	3190
L	Large	40 × 25 × 15	2,20	15 000	3950
XL	Extra Large	50 × 30 × 20	2,50	30 000	6200
F	Flasche	37,5 × 13 × 13	2,30	6337,5	2288

b) Da es sich um Innenmaße handelt, passen zwei Spiele übereinander in eine S-Packung, in eine XS-Packung passt kein Spiel. In eine M-Packung passen alle 4 Spiele.
Wenn Steffi mit zwei S-Packungen verpackt, so bleibt ihr 2590 cm^3 Leerraum, bei einer M-Packung bleiben 4340 cm^3 frei. Somit bleibt bei zwei S-Packungen weniger Leerraum.
Der Preis für zwei S-Packungen ist 3,40 €, eine M-Packung kostet 1,90 €. Also ist die M-Packung günstiger.

11 a) $4 \cdot 2\,m^2 + 1{,}5 \cdot 6\,m^2 = 17\,m^2$ Teppichboden werden benötigt.
b) Schrägbilder im Maßstab 1 : 100.

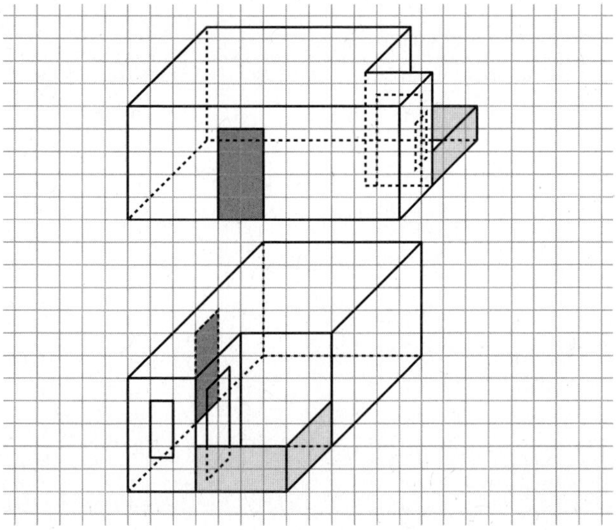

c) $17\,m^2 \cdot 7\,cm = 1\,190\,000\,cm^3 = 1190$ Liter (= $1{,}19\,m^3$) Estrich werden benötigt.
d) Für die Decke benötigt man $17\,m^2$ Tapete. Das Zimmer hat den Umfang 19 m. Wenn man Fenster und Türen vernachlässigt, so haben die Wände die Fläche $19 \cdot 2{,}5\,m^2 = 47{,}5\,m^2$. Insgesamt benötigt man $64{,}5\,m^2$ Tapete.
e) Der Umfang des Zimmers ist 19 m. Zieht man je 1 m für Türe und Balkontür ab, so sind 17 m Fußleisten nötig.

f)

Parkett	$46\,m^2$
Erdaushub	$170\,m^3$
Treppengeländer	12 m
Dachrinne	23 m
Rollrasen	2 a
Warmwasserspeicher	600 l

VI Ganze Zahlen

1 Negative Zahlen

Seite 157

1 a) −7 °C b) +13 °C
c) −11 °C d) 0 °C
e) −13 °C

2 a) Das Kaspische Meer liegt 28 m unter NN.
b) Rita hat 23 € Schulden.

3 a) +7; −2 b) +37; −47

4 a) −27; −12; −4; +7; +19
b) −360; −190; −60; 0; +70; +240
c) −2060; −2035; −2005; −1995; −1975
d) −750; −125; +250; +625

Seite 158

5 a)

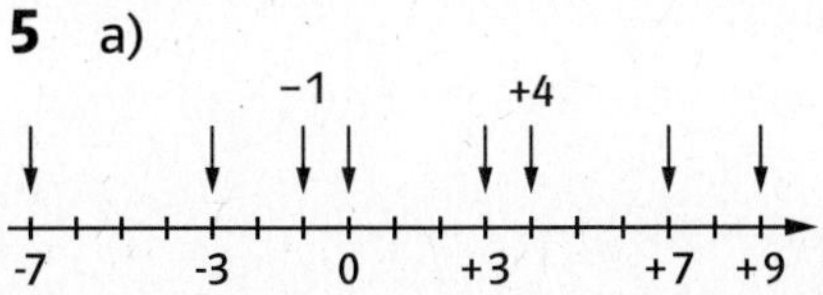

b)

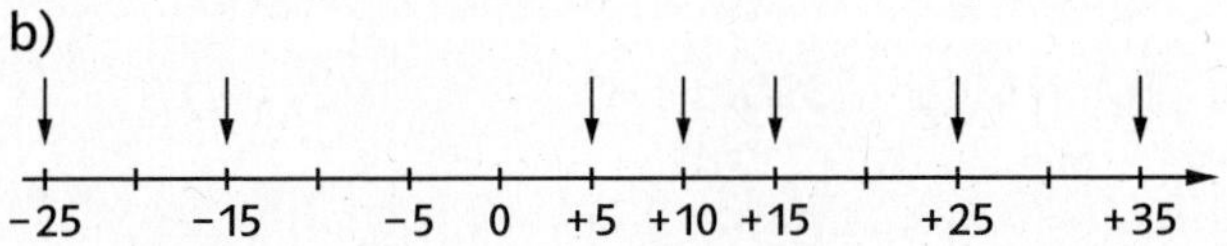

c)

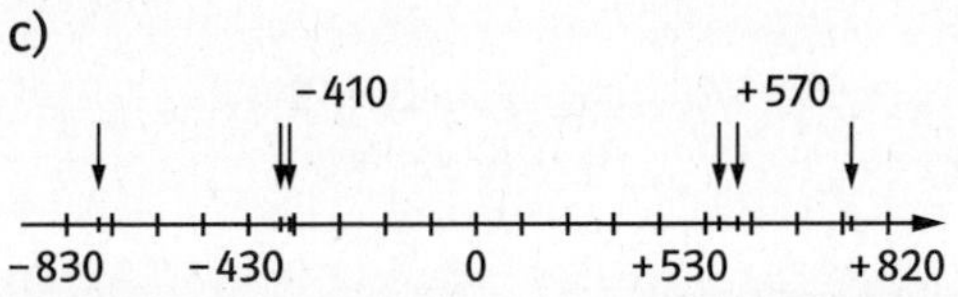

d)

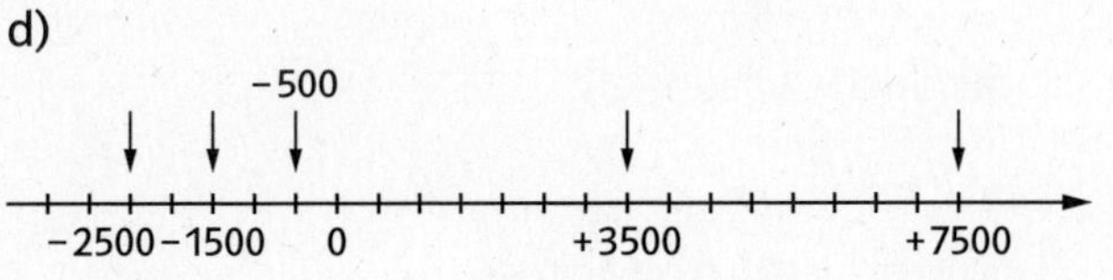

6 a) +6 b) +1
c) +2 d) −8

7 a) individuelle Lösung, z. B.:
Kapstadt und Berlin, Perth und Peking, Nuuk und Rio de Janeiro
b) 13 Uhr in Deutschland → 4 Uhr in San Francisco (13 Uhr − 9 Std.)
Ja, der Anruf würde sie wecken.
c) Ja, das kann sein.
Jan könnte z. B. Sonntagabend um 21 Uhr aus San Francisco anrufen. Dann wäre es in Deutschland Montagmorgen um 6 Uhr.
d) individuelle Lösung

8 a) 1. bei 0 2. bei +3
3. bei 0 4. bei −4
5. bei +4
b) Sie muss 3 Schritte in positiver Richtung gehen. Sie geht zuerst 6 Schritte in negativer Richtung, dann 14 Schritte in positiver Richtung.
c) Er macht 6 Schritte in positiver Richtung, 3 Schritte in negativer Richtung.
In positiver Richtung: +4;
in negativer Richtung: −16.
d) Franziska: +4, +1, −2, −5
Sascha: −2, 0, +2, +4
Gemeinsam: +4, −2
Entfernung: 9 Felder

Seite 159

9 Fig. 1 Eckpunkte: (+3|0), (0|+3), (−3|0), (0|−5), (+3|−5), (4|−6), (4|−4)
Fig. 2 Eckpunkte: (+3|0), (+4|−1), (+4|+2), (+3|+1), (+3|+3), (0|+5), (−3|+3), (−3|+1), (−4|+2), (−4|−1), (−3|0), (−3|−3), (−1|−4), (+1|−4), (+3|−3)

10

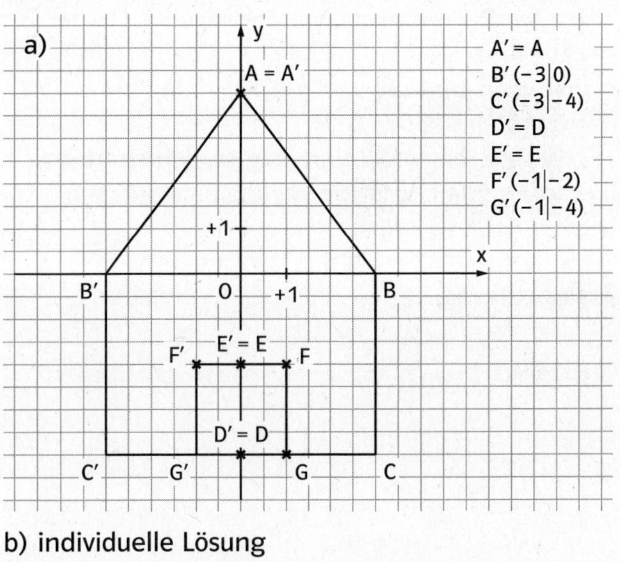

b) individuelle Lösung

11 a) P'(+17|+28) b) P''(−17|−28) c) P'''(−17|+28)

12 Flächeninhalt: (4 · 6) : 2 = 12

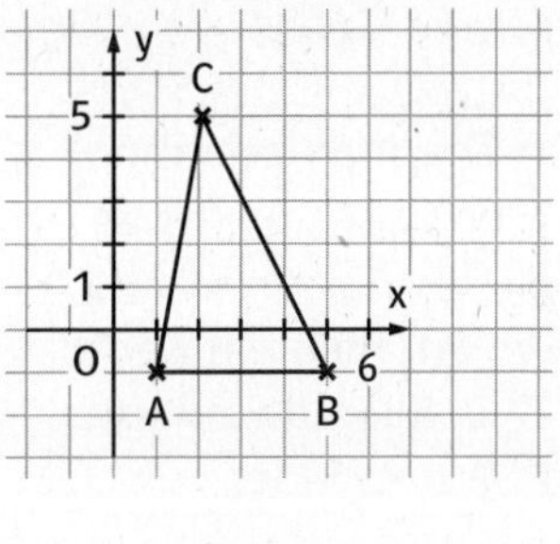

13 a) G(−3|0), H(+1|−4), I(+5|0), K(0|+5), L(−5|0), M(+1|−6), N(7|0)

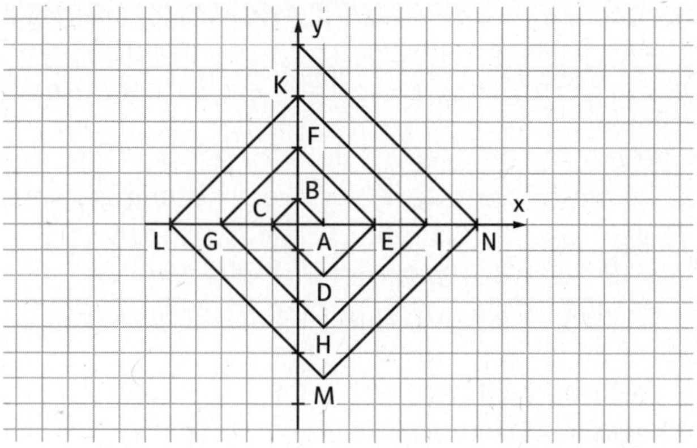

b) individuelle Lösung

14

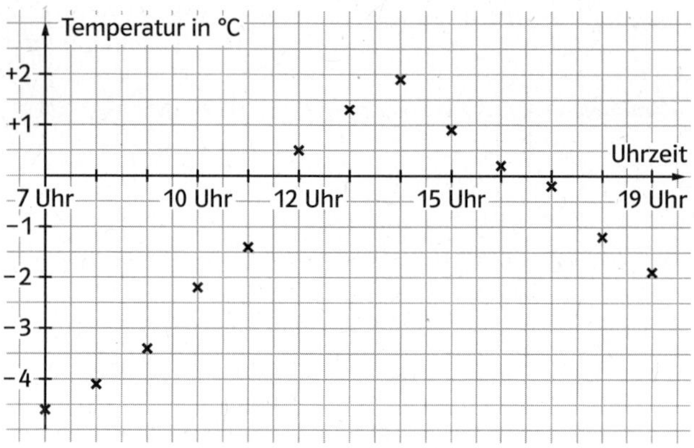

- Um 14 Uhr war es am wärmsten, um 7 Uhr am kältesten.
- Zwischen ca. 11.30 Uhr und 16 Uhr lag die Temperatur über 0 °C.
- Zwischen 11 und 12 Uhr stieg sie sehr stark an.
- Von 7 bis 14 Uhr ist sie ständig angestiegen.

2 Anordnung

Seite 160

1
a) 13 > −13 b) −7 > −17 c) −49 < 3

2 individuelle Lösungen, z. B.:
a) −12; −9; −7; −4; −3
b) −1; 0; 1; 5; 17
c) −9; −8; −6; −5; −3

Seite 161

3 a) Am Montag zeigte das Thermometer morgens −7 °C an, am Dienstag −13 °C. Am Dienstag war es kälter als am Montag.
b) Am Ende des Monats stand auf meinem Kontoauszug: −21 €. Nun sind es 17 €. Mein derzeitiger Kontostand ist höher als am Monatsende.
c) Auf der Karte liest man ab, dass der Ort A 13 m unter NN und der Ort B 27 m unter NN liegt. B liegt also unterhalb von A.
d) Peters Schnur ist 28 dm lang, Ottos Schnur ist 5 dm lang. Peters Schnur ist länger als Ottos Schnur.
e) Ein Berg liegt 18 m über NN, ein See liegt 18 m unter NN. Der Berg liegt oberhalb des Sees.
f) Ein altes Schriftstück stammt von 218 v. Chr., eine Vase von 118 v. Chr. Die Vase ist später entstanden als das Schriftstück.
g) individuelle Lösung

4 Thales von Milet, 625 v. Chr.
Pythagoras von Samos, 580 v. Chr.
Euklid, um 300 v. Chr.
Eratosthenes von Kyrene, 284 v. Chr.
Diophant von Alexandria, um 250 v. Chr.
Hypatia, um 370 n. Chr.
Al-Hwarizimi, um 800 n. Chr.
Maria Agnesi, 1718 n. Chr.
Sophie Germain, 1776 n. Chr.
Carl Friedrichs Gauß, 1777 n. Chr.
Richard Dedekind, 1831 n. Chr.
Ruth Moufang, 1905 n. Chr.

5 a) −12 < −8 < −7 < 8 < 13
b) −101 < −99 < −90 < 90 < 99
c) −111 < −110 < 101 < 110 < 111

6 Totes Meer: −398 m
See Genezareth: −212 m
Er fließt vom See Genezareth zum Toten Meer.

7 a) +3; +6; +9 b) −3; −6; −9
c) 0; +4; +8 d) −6; 0; +6

8 individuelle Lösungen

9 individuelle Lösungen

3 Zunahme und Abnahme

Seite 163

1 a) +120 m b) −2 Etagen
c) +3,50 m d) −37 cm

2

a)	b)	c)	d)
−13 °C	+15	−16 °C	−139 m
1007 m	7. OG	−22	+10 €

3 a) Am Abend zeigte das Thermometer −12 °C an.
b) Neues Guthaben: 421 €
c) Zunahme: +4,91 m

4 a) 713 €   b) 1922 €

5 22 Stockwerke nach unten

6 a) Am Schwarzköpfle muss die Skifahrerin mit einer Temperatur von −4 °C rechnen.
b) Die Null-Grad-Grenze wird vorraussichtlich an der Mittelstation (1480 m) und am Garfrescha erreicht.

4 Addition und Subtraktion einer positiven Zahl

Seite 165

1 a) 0   b) −13
c) +28   d) z. B. −18|−1; −5|12

2 a) −8   b) +8
c) +7   d) −13
e) −9   f) +10

3
a) negativ, negativ, negativ
b) negativ, positiv, negativ
c) negativ, negativ, positiv
d) negativ, negativ, positiv
e) weder-noch, positiv, negativ

Seite 166

4
a) 6, −7
b) −7, 38
c) −76, −11
d) −2, −38
e) +4, −3333

5 a)

+	15	96	28
−7	8	89	21
18	33	114	46
−69	−54	27	−41

b)

−	113	95	178
−13	−126	−108	−191
67	−46	−28	−111
99	−14	4	−79

c)

−	212	21	102
−27	−239	−48	−129
−14	−226	−35	−116
87	−125	66	−15

6
a) −10, −16
b) −102, 102
c) −60, −210
d) −3, −33
e) 2, −248

7 a) −19   b) 55
c) 34   d) 38
e) z. B. −28 − 23 = −51

8 z. B. −7 − 6 = −13

9 a) z. B. +976 − 235 = 741
b) z. B. +235 − 976 = −741
c) z. B. +623 − 597 = 26

10
a) <   b) <   c) >

11 a) −111 + 222 = 111
b) −455 + 55 = −400
c) −1000 − 1200 = −2200
d) −327 + 150 = −177

12 300 m über NN

13 Sie liegt 360 m unter der Meeresoberfläche.

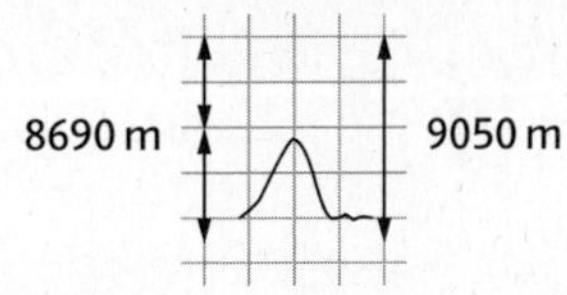

14 a) z. B. 1. Stein, 6. Stein, 3. Stein, 2. Stein, 5. Stein, 4. Stein
b) individuelle Lösungen

5 Addieren und Subtrahieren einer negativen Zahl

Seite 168

1 a) ↷ −3   b) −6 ↶
c) −18 ↷   d) z. B. −13 ↶ 0

2
a) negativ, negativ, positiv
b) positiv, positiv, negativ
c) negativ, negativ, positiv
d) positiv, positiv, negativ
e) positiv, negativ, weder-noch

3
a) 2   b) −2   c) −10
d) 10   e) 4

4

a) −34
18
−11

b) −39
−6
108

c) 39
−4
2

d) −72
62
−22

e) −2
−38
38

5

a) −160
538
16

b) 110
−60
−41

c) −16
2
−30

d) −147
867
−220

e) 1243
−3
−1243

6 a) −19 b) −17
c) −34 d) z. B. 5 − (−23) = 28

7 a) 259; −127 b) 32
c) −156

8 a) z. B. + 873 − (−941) = 1814
b) z. B. −973 − (+841) = −1814
c) z. B. +148 − (−379) = 527

Seite 169

9 a) −36; −100; 36; −100; −100; 36
b) individuelle Lösung
c) 888; 1130; −5222; 148; 520

10 a)

−101				
−149	48			
−118	−31	79		
−88	−30	−1	80	
−23	−65	35	−36	116

b)

−417				
−100	317			
35	135	−182		
18	−17	−152	30	
−20	−38	−21	131	101

11 a) M1 → M2: −18,6 m
M2 → M3: +23,7 m
M3 → M4: −18,5 m
M4 → M5: −7,8 m
M5 → M6: +14,9 m
b) M2 → M3
c) 5,7 m

12 a) z. B.

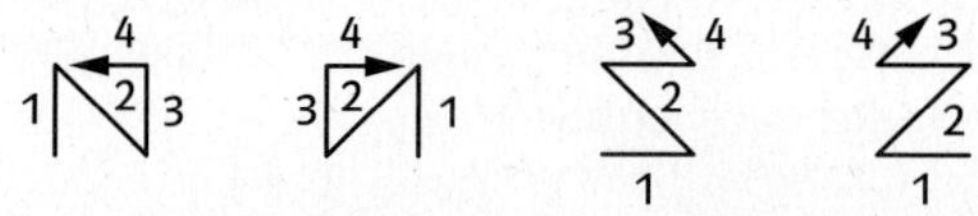

b) Trotz unterschiedlicher Wege erhält man immer
−27 = 2 · (−4 + 5 − 7 − 2) + (−11)
−11 hat 2 Zugänge, die restlichen Zahlen haben 3 bzw. 4 Zugänge. An der Zahl −11 kommt man daher nur 1-mal vorbei, an den restlichen 2-mal.

13

Zeit in min	65	70	75	80	85	90
Anzahl der Gruppen	1	3	3	5	4	2

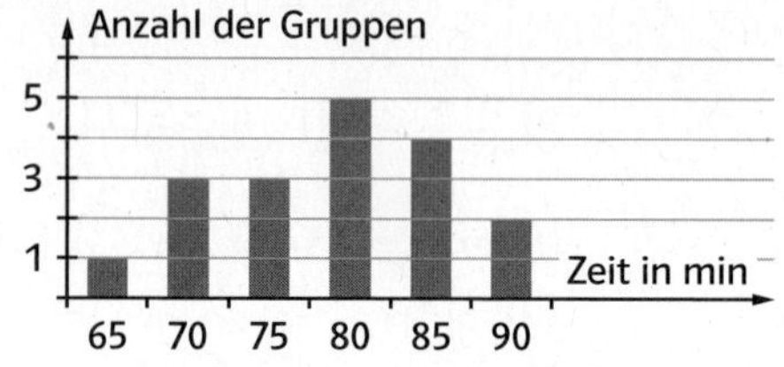

– 18 Gruppen haben teilgenommen.
– 5 Gruppen brauchten 80 min.
– 1 Gruppe lief am schnellsten, nämlich 65 min.
– 3 Gruppen hatten die zweitbeste Zeit.

6 Verbinden von Addition und Subtraktion

Seite 171

1

a) −1
1

b) −1
2

c) 2
−2

d) −2
2

Rand: 6; −4; 0; 0; −3; −10; −14; −14; 4; 0; −15; −18; −3; −4; −3; −4; 3; 4

2

a) −126
−71

b) −84
11

c) −9
−88

3

a) 0
−24

b) −23
−5

c) −4
−1

4

a) 35
−20

b) 66
−46

c) −96
7

FERIEN

5

a) −1317 b) 20 126 c) 18 136
d) −15 882 e) −2684

6

a) −1 b) −220 c) 0

7 a) 68 + [−13 − (−67)] = 122
b) (−13 + 28) − (−17) = 32
c) (−15 + 74) + [17 − (−49)] = 125
d) (−21 + 18) − [22 + (−19)] = −6

8
a)
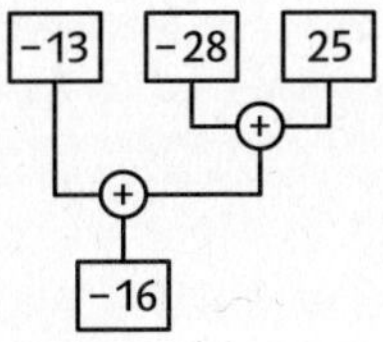

b)
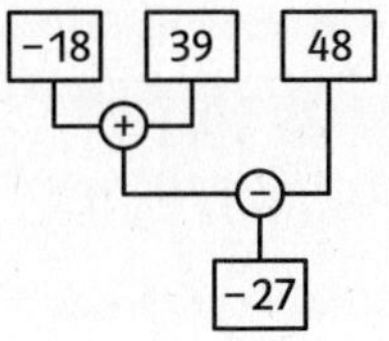

c)
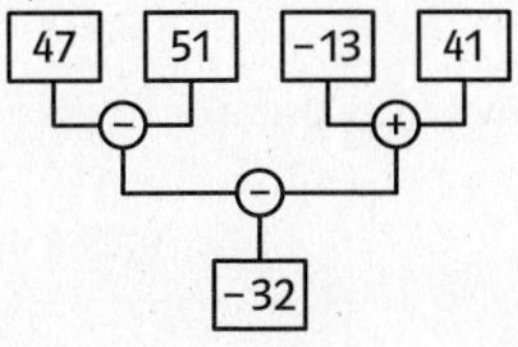

9 a) (83 − 74) − (83 + 74) = −148
b) (83 + 74) − (83 − 74) = 148
c) −(83 − 124) + (−35 + 78) = 84

Seite 172

10 z. B. −(−1 − 2) − 3 = 0
−2 − (−1 − 3) = 2
(−1 − 3) − (−2) = −2
−1 − (−2 − 3) = 4
−2 − 3 − (−1) = −4
−(−1 − 2 − 3) = 6
−1 − 2 − 3 = −6

11 −47 €

12 a) Addiere 48 zur Differenz der Zahlen 28 und 66.
b) Subtrahiere 48 von der Summe der Zahlen 28 und 66.
c) Subtrahiere die Differenz der Zahlen 28 und 66 von deren Summe.

13 individuelle Lösungen

14 a) 21 + 48 − 13 − 19 = 21 − 19 + 48 − 13 = 37
Fehler: Beim Vertauschen der Reihenfolge wurden die Plus- und Minuszeichen nicht mitgenommen.
b) −27 + 1 − 47 + 13 = −26 − 47 + 13
= −73 + 13
= −60
Fehler: Es wurde nicht von links nach rechts gerechnet, dadurch wurde 13 nicht addiert, sondern subtrahiert.

15 waagerecht:
1) 26
2) −161
5) −1020
6) −3591
8) −5904
10) −75
11) −36
13) −5959

senkrecht:
1) 273
2) −1010
3) −62
4) 109
5) −199
7) 555
9) −435
10) −71
12) −69

[1] 2	6		[2] 1	[3] 6	[4] 1
7		[5] 1	0	2	0
[6] 3	[7] 5	9	1		9
	[8] 5	9	0	[9] 4	
[10] 7	5			[11] 3	[12] 6
1		[13] 5	9	5	9

16 1 = 1
1 − 2 = −1
1 − 2 + 3 = 2
1 − 2 + 3 − 4 = −2
1 − 2 + 3 − 4 + 5 = 3
1 − 2 + 3 − 4 + 5 − 6 = −3
…

Letzte Zahl gerade: Halbiere die letzte Zahl und multipliziere sie mit (−1).
Letzte Zahl ungerade: Addiere 1 und halbiere das Ergebnis.

7 Multiplizieren von ganzen Zahlen

Seite 174

1
a) −84
91
b) −162
260
c) −104
−6600
d) −45
65
e) 180
−1800
Rand: 0; −7145; 2478; −9 687 000; 298 700; 0

2
a) −750
1010
b) −420
−300
c) −600
−1500
d) −4800
580
e) −200
90

3 a) z. B. 6 · 5; −6 · (−5); 3 · 10
b) z. B. −2 · 12; 4 · (−6); −3 · 8
c) z. B. 7 · 8; −2 · (−28); 14 · 4
d) z. B. −2 · 21; 6 · (−7); 3 · (−14)
e) z. B. −2 · 30; 15 · (−4); 5 · (−12)

4 a) FERIEN SIND SPITZE

−500 F	1000 E	−1500 R	2000 I
875 E	−1750 N	2625 S	−3500 I
1375 N	−2750 D	4125 S	−5500 P
1875 I	−3750 T	5625 Z	−7500 E

b) PIT GEHT JETZT HEIM

−306 P	459 I	−255 T	1377 G
1764 E	−2646 H	1470 T	−7938 J
1242 E	−1863 T	1035 Z	−5589 T
−450 H	675 E	−375 I	2025 M

5 a) −11 b) 3
c) z.B. 4, 32; −7, −56 d) z.B. 4, −8; −2, 16

6 Minus

7 a) −1, 1, −1, 1, −1, 1, −1, 1, −1, 1
b) −10, 100, −1000, 10 000, -10^5, 10^6, -10^7, 10^8, -10^9, 10^{10}
c) 2, −4, −8, 16, 32, −64, −128, 256, 512, −1024

8 Dividieren von ganzen Zahlen

Seite 175

1
a) −5
11
9
b) 6
4
−4
c) −10
−11
11
d) −5
−5
0
e) 4
−5
−3

2
a) −11
−1
b) −13
1
c) 12
5
d) −404
220
e) −25
0

Seite 176

3 a)

:	−2	4	−8
32	−16	8	−4
−64	32	−16	8
−88	44	−22	11

b)

:	2	−3	6
12	6	−4	2
−30	−15	10	−5
−72	−36	24	−12

4 a) z.B. 24:4; −18:(−3)
b) z.B. −24:3; 40:(−5)
c) z.B. 100:2; −150:(−3)
d) z.B. 0:(−7); 0:7
e) z.B. −17:17; 28:(−28)

5 a) −75:(−5) = 15
b) −216:12 = −18
c) 140:(−35) = −4
d) −48:16 = −3
e) −48:△ (bzw. −48:□)
z.B. □ = 6, △ = −8; □ = −4, △ = 12

6 a) −8 b) −7
c) 7 d) z.B. 49, −7
e) z.B. −17, −17

7 −10 · (−5) = 50; −10 + (−5) = −15;
−10 − (−5) = −5; −10:(−5) = 2

8
a) 126 b) −4 c) 175 d) −12

9 a)

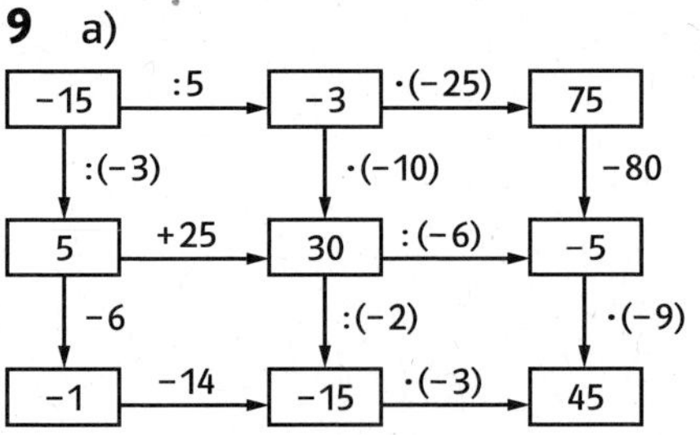

b)

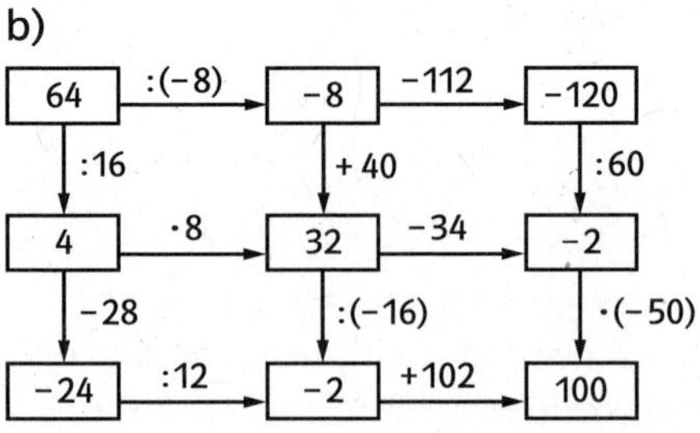

Wenn man mit 4 Rechenschritten zum Ziel kommen will, so hat man 6 Möglichkeiten.

10 a)

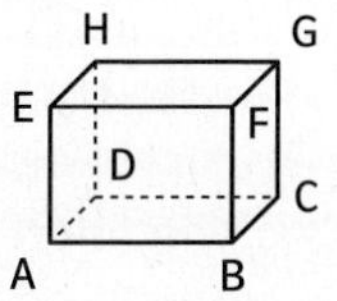

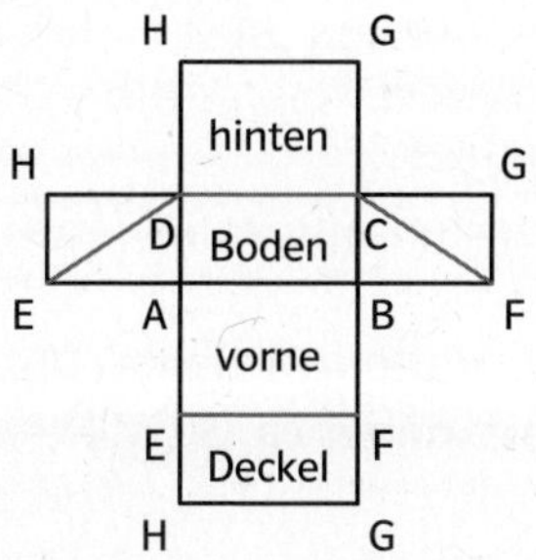

b) $O = 2 \cdot (4 \cdot 2 + 4 \cdot 3 + 2 \cdot 3)\,cm^2 = 52\,cm^2$
$V = 4 \cdot 3 \cdot 2\,cm^3 = 24\,cm^3$
c) vgl. Fig. 2
Schnittfläche ist ein Rechteck mit $l = 4\,cm$,
$b \approx 3{,}6\,cm$, $A = 40 \cdot 36\,mm^2 = 1440\,mm^2 = 14{,}40\,cm^2$

9 Verbindung der Rechenarten

Seite 177

1

a) −17	b) −10	c) 7	d) −18
−5	0	−80	10
7	11	−4	−30
−66	−36	8	−30
−5	8	8	24

2

a)

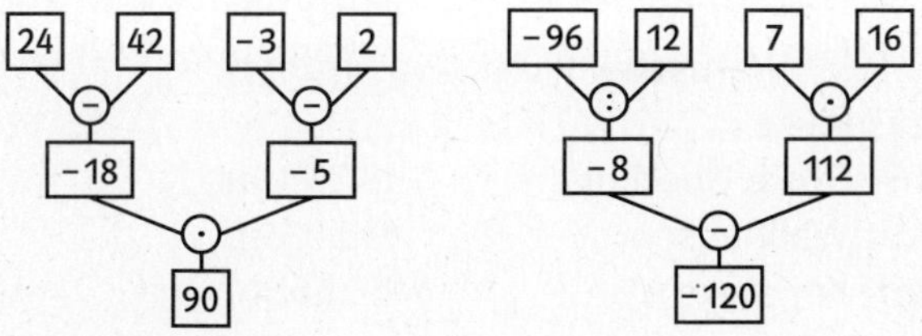

b)

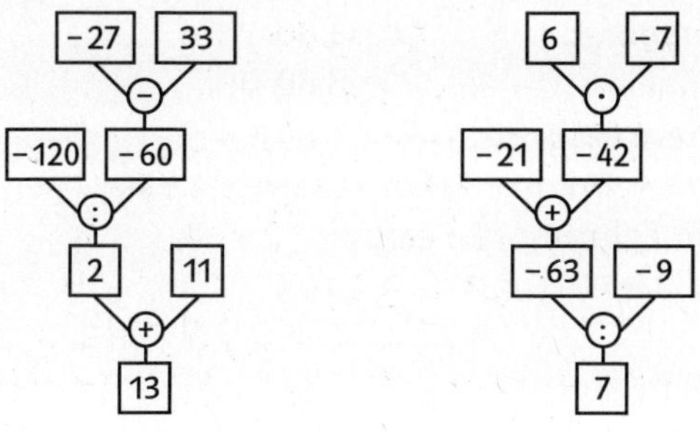

c)

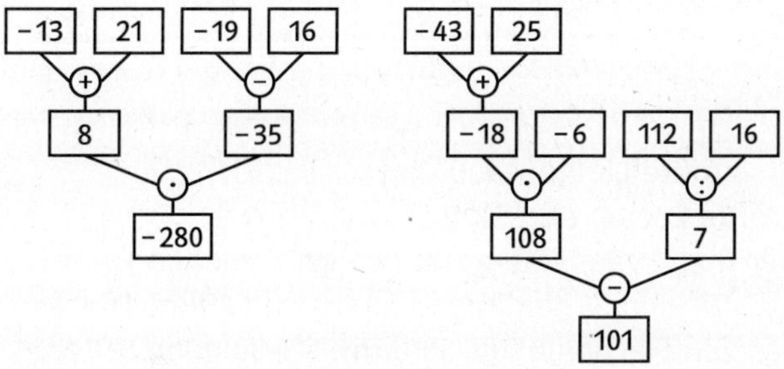

Seite 178

3

a) 6	b) −312	c) −99
7	101	−12

4

a) ohne TR 16	b) ohne TR 217	c) ohne TR 5
mit TR −2720	ohne TR −215	mit TR −19 217

5 a) $-5 \cdot (3 - 9)$ b) $(-28 - 21) : 7$
c) $(3 \cdot 5 + 9) \cdot (-2)$ d) $(-2 \cdot 8 - 4) \cdot 5$

6 a) $4 \cdot (7 + 3) \cdot 2 = 80$
b) $-3 \cdot (4 + 5) \cdot (-6) = 162$
c) $(4 - 2) \cdot (-5) \cdot (-3) = 30$
d) $(-6 - 4) \cdot 3 \cdot (-5) = 150$

7 a) $[-3 + (-8)] \cdot (8 - 5) = -33$
b) $[8 + (-7)] \cdot (3 - 5) = -2$
c) $[-3 + (-8)] \cdot 34 - 34 = -408$

8 a) 3 b) −5
c) −21 d) 7

9 $1 - 2 = -1$
$-1 + 2 - 3 = -2$
$-1 - 2 \cdot 3 + 4 = -3$
$1 \cdot (2 + 3 - 4 - 5) = -4$
$1 + 2 \cdot 3 \cdot 4 - 5 \cdot 6 = -5$

10 individuelle Lösungen

Sachthema: Ferien am Bodensee

Seite 185

? größte Länge: ca. 65 km
größte Breite: ca. 15 km
Der Bodensee ist ungefähr so groß wie ein Rechteck mit den Seitenlängen 50 km und 10 km. Dieses hat den Flächeninhalt 500 km^2. Die Angabe 571 km^2 für den Bodensee kann also stimmen.

? Auf 1 m^2 passen dicht gedrängt etwa 10 Schüler. Auf 1 km^2 passen dann 10 000 000 Schüler. Auf 571 km^2 passen 5 710 000 000 Schüler, also ≈ 5,7 Milliarden Schüler. So viele Menschen leben etwa auf der Erde.

? Abstand zweier Personen: ca. 1,50 m
München hat ca. 1 200 000 Einwohner. Sie könnten also eine 1 800 000 m = 1800 km lange Menschenkette bilden. Das ist viel mehr als man für eine Menschenkette um den Bodensee bräuchte.

Seite 186

? Der Überlinger See ist annähernd rechteckig, ca. 20 km lang und 3 km breit. Sein Flächeninhalt beträgt also etwa 60 km^2. Da er etwas breiter als 3 km ist, hat Susi vermutlich noch 5 km^2 dazugerechnet.
Ein biegsamer dünner Draht, den man auf der Karte am österreichischen Ufer entlang legt, ist etwa 4 cm lang. Dies entspricht in der Wirklichkeit fast 30 km.
Susi denkt sich den See als Quader mit der Grundfläche 571 km^2 und dem Volumen 48 km^3. Für die Höhe des Quaders gilt:
(48 000 000 000 : 571 000 000) m ≈ 84 m. Dies entspricht der durchschnittlichen Tiefe des Sees.
Volumen des bei Konstanz abgeflossenen Wassers:
pro Sekunde: 365 m^3
pro Tag: 365 m^3 · 60 · 60 · 24 = 31 536 000 m^3
pro Jahr: 31 536 000 m^3 · 365 = 11 510 640 000 m^3
≈ 11,5 km^3
Die gesamte Durchflussmenge beträgt ebenfalls 11,5 km^3. Also ist bei Konstanz der einzige Abfluss des Sees.
Weitere Angaben über den Bodensee: Individuelle Lösungen (z. B. Meereshöhe (395,5 m bei mittlerem Wasserstand); Meereshöhe der tiefsten Stelle (141,5 m), Länge der Fährverbindung Friedrichshafen – Romanshorn (13 km)).

? Berechnungen zur Zeitungsmeldung: siehe Seite 187.

Seite 187

? Thomas hat die Anzahl der Passagiere wie folgt berechnet: 5 300 000 · 75 = 397 500 000 ≈ 400 Millionen. Früher wurden vermutlich weniger als 5,3 Millionen Passagiere pro Jahr befördert, sodass die 240 Millionen stimmen können.
Anzahl der in 75 Jahren beförderten Autos: bei jährlich 1,6 Millionen: 120 Millionen.
Früher gab es sehr viel weniger Autos als heute. Die tatsächliche Gesamtzahl beträgt daher ca. 30 Millionen.

? Eingesparte Fahrtstrecke:
1 600 000 · 70 km = 112 000 000 km
Benzinverbrauch eines Autos für 100 km:
(9 000 000 : 1 120 000) l ≈ 8 l.
Er hat mit einem realistischen Verbrauch von 8 l gerechnet.
Dabei ist der Kraftstoffverbrauch der Fähren aber nicht berücksichtigt.
Erdumfang: 40 000 km
Anzahl der „eingesparten Erdumrundungen"
112 000 000 : 40 000 = 2800

? Anzahl der Personen pro Fahrt:
5 300 000 : 70 000 ≈ 76
Anzahl der Autos pro Fahrt: 1 600 000 : 70 000 ≈ 23

Seite 189

? Zeitplan für die Radtour

Abfahrt Hagnau:	10.00 Uhr
Ankunft Überlingen:	11.30 Uhr
(wahrscheinlich etwas früher)	
Mittagspause	
Abfahrt Fähre Überlingen:	13.35 Uhr
Ankunft Wallhausen:	13.50 Uhr
Ankunft Konstanz:	15.00 Uhr
Stadtbummel	
Abfahrt Fähre Konstanz:	17.30 Uhr
Ankunft Meersburg:	18.00 Uhr
Ankunft Hagnau:	18.30 Uhr

Strecke mit dem Fahrrad:
39 km = 4,5 km + 13 km + 13 km + 4 km + 4,5 km
Kosten für die Fähren pro Person:
1 € + 1,50 € + 0,80 € + 0,90 € = 4,20 €

? Weitere Radtour

Abfahrt Hagnau:	9.00 Uhr
Ankunft Friedrichshafen:	10.00 Uhr
Abfahrt Fähre Friedrichshafen:	10.41 Uhr
Ankunft Romanshorn:	11.22 Uhr
Mittagspause bis:	13.30 Uhr

Ankunft Konstanz (Fähre): 15.30 Uhr
Ankunft Meersburg: 16.15 Uhr
Pause/Burgbesichtigung bis: 17.30 Uhr
Ankunft Hagnau: 18.00 Uhr
Fahrtstrecke: mindestens
44 km = (17 km – 4,5 km) + 23 km + 4 km + 4,5 km
Kosten pro Person:
8,20 € = 2,70 € + 3,80 € + 0,80 € + 0,90 €

Seite 190

? Gesamter Höhenunterschied:
60 m + 310 m = 370 m

? 1. Prospekt: 7750 l Entnahmerecht pro Sekunde.
Daraus Entnahmerecht pro Tag:
$7750\,dm^3 \cdot 3600 \cdot 24 = 669\,600\,000\,dm^3 = 669\,600\,m^3$
Dies stimmt mit der Angabe $670\,000\,m^3$ im 2. Prospekt praktisch überein.

? Fördervolumen aller 6 Pumpen: 14 000 l/s.
Die Pumpen müssen regelmäßig gewartet werden. Fallen eine oder zwei Pumpen aus, so ist der Wassertransport trotzdem gesichert.

? Durchschnittliche Förderleistung pro Sekunde:
$130\,000\,000\,000\,l : (365 \cdot 24 \cdot 3600) \approx 4122\,l$

? Es müssen also mindestens 3 kleine oder eine große und eine kleine Pumpe in Betrieb sein.

? Die BWV nutzt ihr Entnahmerecht nicht vollständig aus. Sie könnte pro Sekunde etwa 3600 l mehr Wasser entnehmen.

? In der Aufbereitungsanlage wird das Wasser gereinigt (durch Filter) und keimfrei gemacht (Ozonierung).

? Jährlicher Wasserverbrauch einer Person:
$130\,000\,000\,m^3 : 3\,700\,000 \approx 35\,m^3$
Wasserverbrauch pro Tag: $35\,000\,l : 365 \approx 96\,l$

Seite 191

? Abfahrt in München: 8.44 Uhr

? Fasst man die tägliche Wasserentnahme als Quader auf mit der Grundfläche $571\,km^2$ und der Höhe 1 mm (wie Susi behauptet), so hat dieser Quader das Volumen
$571\,000\,000\,000\,000 \cdot 1\,mm^3 = 571\,000\,m^3$. Die BWV darf täglich $670\,000\,m^3$ entnehmen. Der See sinkt also um etwas mehr als 1 mm ab.
(Höhe des Entnahmequaders:
$(670\,000\,000\,000\,000 : 571\,000\,000\,000\,000 \approx 1{,}2\,mm)$)

? Volumen des Sees: $48\,km^3 = 48\,000\,000\,000\,m^3$
Jährliche Wasserentnahme: $130\,000\,000\,m^3$
$48\,000\,000\,000 : 130\,000\,000 \approx 370$
Das Wasser des Bodensees würde ca. 370 Jahre lang reichen.

? Gründe für eine Erhöhung des Wasserstands:
- Höherer Zufluss als Abfluss
- Niederschläge auf die Seefläche

Gründe für eine Erniedrigung des Wasserstands:
- Höherer Abfluss als Zufluss
- Verdunstung

Seite 192

? 1999: Höchststand 580 cm etwa am 10. Juni
1998: Höchststand 375 cm etwa am 20. November

? Ende Mai 1999 war der Pegelstand um 2,30 m höher als im Vorjahr.

? In der ersten Januarhälfte, der zweiten Septemberhälfte, im gesamten November und im Dezember bis etwa Weihnachten war der Pegelstand 1999 niedriger als ein Jahr davor.

? Höchststand 1999: 580 cm (Mitte Juni)
Tiefststand 1999: 275 cm (Mitte Februar)
Also verändert sich der Pegel um bis zu 305 cm ≈ 3 m.

? Der Hauptzufluss des Bodensees, der Rhein, kommt aus den Alpen. Im Mai und Juni schmilzt der Schnee im Gebirge und der Rhein führt dann sehr viel Wasser.

? Individuelle Lösungen, Beispiele:
- Pegelschwankung 1998: maximal um 1,15 m.
- 1999 hat es von Ende September bis ca. 10. Oktober geregnet.
- 1999 war von Mitte Juli bis Anfang August schönes Wetter.

Seite 193

? Flächeninhalt der Dorfhalle: $\approx 68\,m^2$
Dicht gedrängt passen etwa 300 Menschen in die Dorfhalle.
Eine Schulsporthalle (3 Hallenteile) hat die Maße $27\,m \times 45\,m$, hat also einen Flächeninhalt von $1215\,m^2$. Sie ist 18-mal so groß wie die Dorfhalle.

? Beginn der Spätbronzezeit: 1070 v. Chr.
Dauer: 220 Jahre

?

	Länge	Geschwindigkeit	Passagiere
LZ 129 Hindenburg	245 m	125 km/h	50
Airbus A 380	73 m	900 km/h	555 bis 850

Das Haus der Töpfers hatte eine Grundfläche von ca. 40 m^2. Rechnet man die Werkstatt ab, so stand einer Person ca. 4 bis 5 m^2 Wohnfläche zur Verfügung. Ein heutiges Haus hat ungefähr 100 m^2 Grundfläche, sodass pro Person 25 bis 50 m^2 Wohnfläche vorhanden sind.

? Geldeinheiten:
1. und 2. Briefmarke: Reichsmark
4. Briefmarke: Reichspfennig
3. und 5. Briefmarke: Pfennig

Sachthema: Rund ums Pferd

Seite 194

? Bei der Befragung der Klasse durch die Schüler ist es sinnvoll, den Schülern eine Klassenliste zur Verfügung zu stellen, um Wiederholungen zu vermeiden. Die Ergebnisse sollten auf einem großen Blatt in einer Tabelle und in einem Säulendiagramm oder Balkendiagramm dargestellt werden.
Weitere mögliche Fragestellungen:
- Wie viele Pferderassen kennst du?
- Wie viele Pferdesportarten kennst du?
- Wie viele Futtermittel für Pferde kennst du?
- Wer kennt ein Sprichwort, das mit Pferden zu tun hat? (zum Beispiel „Der zäumt das Pferd von hinten auf“; „Den hat der Hafer gestochen“; „Der hat die Zügel fest in der Hand“)
- Wer weiß, was eine Trense (ein Halfter) ist?

? Individuelle Lösungen, z. B.: Die Entwicklung der Pferdezahl in Deutschland von 1950 bis 2000.

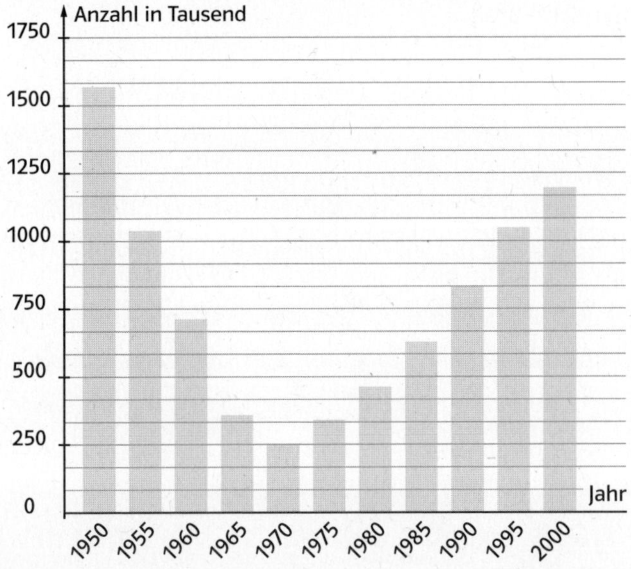

Die Pferdezahl hat bis 1970 stark abgenommen. Die Pferde wurden damals überwiegend als Arbeitstiere in der Landwirtschaft eingesetzt. Dafür benützt man heute Maschinen. Seit 1970 nimmt die Pferdezahl wieder zu, weil sich viele Menschen ein Reitpferd halten.

? Individuelle Lösungen, z. B.: Wie schnell Pferde und Menschen wachsen

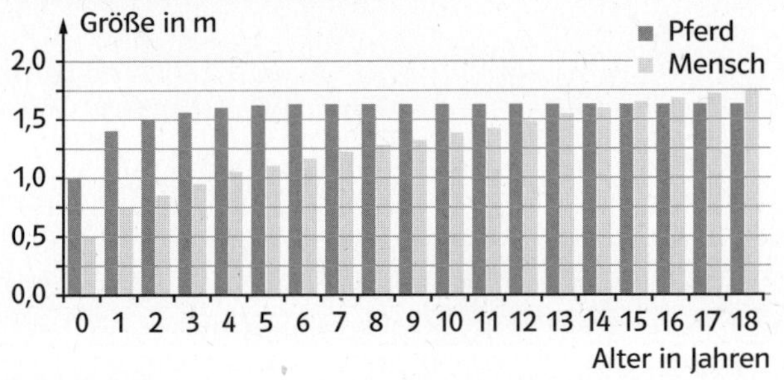

Seite 195

? Bajo hat Stockmaß 1,50 m. Er zählt somit zu den Großpferden und die Boxenwände müssen 3 m lang sein. Damit kommen Box 1 oder Box 3 infrage.
Box 3 hat einen Flächeninhalt von 12,25 m^2, Box 1 mit 12 m^2 etwas weniger. Deshalb würde man bei sonst gleichen Bedingungen (z. B. Fensterfläche) Box 3 nehmen.
Die Fenster müssen eine Breite von insgesamt mindestens 4 m haben.

? Individuelle Lösungen, z. B.: Gutachten zu dem Stallplan von Frau Schreiber
1. Die Boxen:
Die Boxen sind für die Ponys genügend groß.
2. Der Luftraum:
Der Luftraum für ein Pferd ist der Rauminhalt der Box bis zur Decke. Er beträgt
$3\,m \cdot 3\,m \cdot 2{,}8\,m = 25{,}2\,m^3$. Das reicht für Ponys noch aus, aber nicht für Großpferde.
3. Der Lichtbedarf:
Der Lichtbedarf für 3 Pferde beträgt insgesamt 6 m^2. Die 10 m^2 Fensterfläche reichen aus. Davon müssen jedoch jeweils 2 m^2 in jeder einzelnen Box sein. Das kann man aus dem Plan nicht ersehen.
4. Die Stallgasse:
Die Stallgasse ist zu schmal. Sie muss mindestens 2,50 m breit sein.
Der Plan kann nur genehmigt werden, wenn Punkt 4 geändert und Punkt 3 beachtet wird.

? individuelle Lösungen

Seite 196

? Maßstäbliche Zeichnung von Fig. 1 auf Seite 197. Maßstab z. B. 2 m in Wirklichkeit entsprechen 1 cm in der Zeichnung.

? Individuelle Lösung. Für jede Hufschlagfigur ein extra Blatt.

? a) Der Umfang der Bahn beträgt 120 m. Da man etwa 1 m vom Bahnrand entfernt reitet und an den Ecken abkürzt, beträgt die Länge von „einmal um die ganze Bahn“ weniger als 120 m, etwa 110 m.
b) Die Länge der Bahn ist 40 m, geritten wird weniger als 40 m, etwa 38 m.
c) Etwa 24 m
d) Etwa 4 Bahnbreiten plus 1 Bahnlänge, zusammen etwa 120 m

? Zur Durchführung kann man auch einen Platz mit den halbierten Originalmaßen abstecken. Bei diesem Spiel benötigt man unbedingt zwei Schülerinnen, die sich in einigen Hufschlagfiguren sicher auskennen. Eine Schülerin ist die Reitlehrerin, die andere Schülerin führt den „Reitkurs" an der Spitze an. Wenn die Schüler einfache Hufschlagfiguren einige Male passiv mitgelaufen sind, können sie selbst an die Spitze des Reitkurses.

Seite 198

? Bajo wiegt ungefähr 400 kg. Er erhält am Tag 6 kg Heu und 2800 g Kraftfutter.

? Individuelle Lösung, z. B.: Futterplan für Bajo:

	Heu	Hafer
8 Uhr	1,5 kg	0,8 kg
12 Uhr	1,5 kg	0,5 kg
16 Uhr	1 kg	0,5 kg
20 Uhr	2 kg	1 kg

? In einem Jahr ist der Futterverbrauch 2190 kg Heu und 1022 kg Kraftfutter. Die Kosten dafür sind 508,08 €.

? Bajo braucht im Jahr 6 kg · 365 = 2190 kg Heu. Das sind 146 Ballen. Sie benötigen etwa 24 m^3 Platz. Eine Großpferdebox mit 12 m^2 Grundfläche und 3 m Höhe hat den Rauminhalt 36 m^2. Das Heu passt in eine solche Box.

Seite 199

? Flächeninhalt der beiden Weiden
A = 4,8 ha = 48 000 m^2. Es können sich 9 Pferde von den Weiden ernähren.

? a) Bei einem Pfostenabstand von 4 m benötigt man 160 Pfosten und 320 Latten.
b) Der Zaun kostet 1760 €.

? Man benötigt 160 Pfosten, 1280 m Elektroband und 320 Isolatoren. Da es die Isolatoren nur in 25-Stück-Packungen und das Elektroband nur in 200-m-Rollen gibt, ergeben sich für die Kosten:
Pfosten 480 €, 7 Rollen Elektroband 140 €,
13 Packungen Isolatoren 52 €. Zusammen 672 €.

Seite 200

? individuelle Lösungen

? Termine für Bajo:
- Hufschmied, nächster Termin: 10. Juli 2004
- Impfung, nächster Termin: 3. September 2004
- Entwurmung, nächster Termin: 23. Juli 2004

Termine für Lady Blue:
- Hufschmied, nächster Termin: 23. Juni 2004
- Impfung, nächster Termin: 18. August 2004
- Entwurmung, nächster Termin: 23. Juli 2004
- Abfohltermin: 2. Mai 2004

Seite 201

? In 8 Stunden Schritt kommt ein Pferd etwa 57,6 km weit.
In 6 Stunden abwechselnd 50 min Trab und 10 min Schritt kommt ein Pferd etwa 49,2 km weit.

? Möglich ist diese oder die umgekehrte Streckenführung: Stall – Heide – Reute – Seedorf – Eybach – Stall.